westermann

Heinz Frisch, Erwin Lösch, Thomas Megele

AF900412

Industriemechanik
Lernfelder 10 bis 15

Lernsituationen, Technologie, Technische Mathematik

5. Auflage

Bestellnummer 42084

Zusatzmaterialien zu Titel

Für Lehrerinnen und Lehrer:

Lösungen zum Arbeitsheft: 978-3-427-42085-9
Lösungen zum Arbeitsheft Download: 978-3-427-42086-6

westermann GRUPPE

Die Seiten dieses Arbeitshefts bestehen zu 100 % aus Altpapier.

Damit tragen wir dazu bei, dass Wald geschützt wird, Ressourcen geschont werden und der Einsatz von Chemikalien reduziert wird. Die Produktion eines Klassensatzes unserer Arbeitshefte aus reinem Altpapier spart durchschnittlich 12 Kilogramm Holz und 178 Liter Wasser, sie vermeidet 7 Kilogramm Abfall und reduziert den Ausstoß von Kohlendioxid im Vergleich zu einem Klassensatz aus Frischfaserpapier. Unser Recyclingpapier ist nach den Richtlinien des Blauen Engels zertifiziert.

Druck und Bindung: Westermann Druck GmbH, Braunschweig

ISBN 978-3-427-42084-2

Inhaltsverzeichnis

Lernfeld 10

Lernfeld 11

Lernfeld 12

Lernfeld 13

Lernfeld 14/15

Problemstellung:

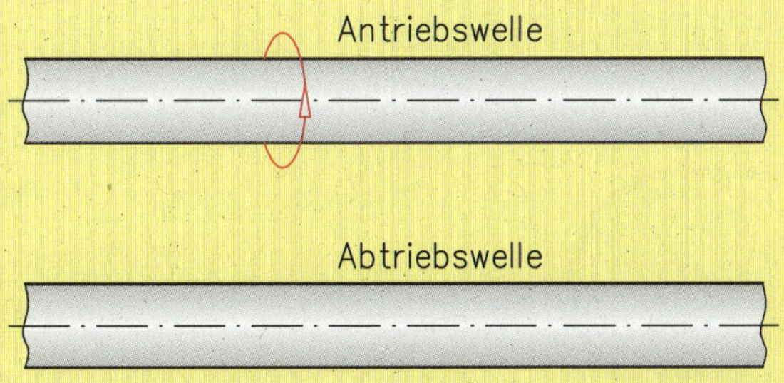

Eine Welle (Antriebswelle) soll ihre Drehbewegung auf eine parallele Welle (Abtriebswelle) übertragen. Welche grundsätzlichen technischen Möglichkeiten zur Übertragung der Drehbewegung kennen Sie aus Ihrer Erfahrung?

Die Drehrichtung der Abtriebswelle soll umgekehrt zur Antriebswelle sein. Welche der von Ihnen genannten Möglichkeiten kommt in Frage?

Begriff, Aufgaben und Arten von Getrieben

① Was versteht man unter einem Getriebe?

② Welche besonderen Aufgaben haben Getriebe?

Aufgaben

③ Welche Arten von Getrieben unterscheidet man nach den bewegungsübertragenden Bauteilen?

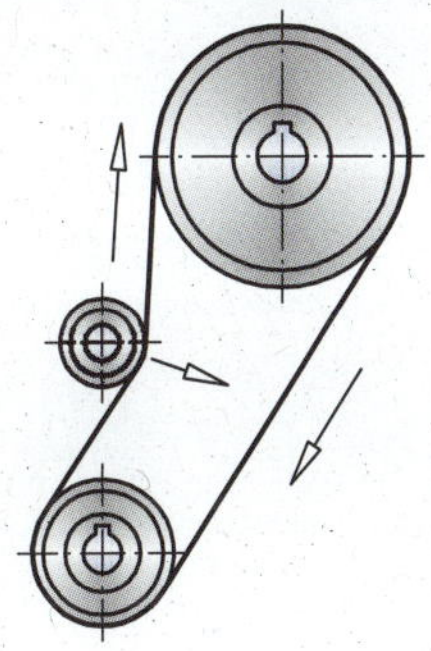

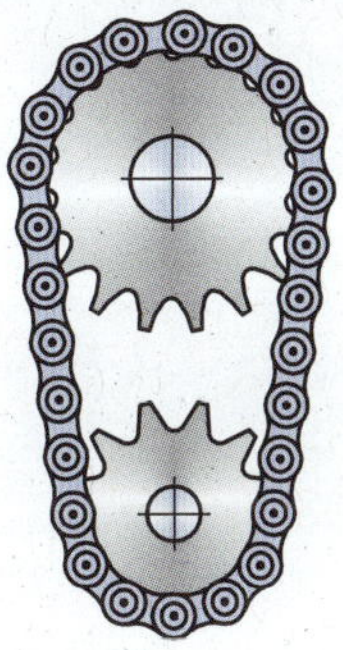

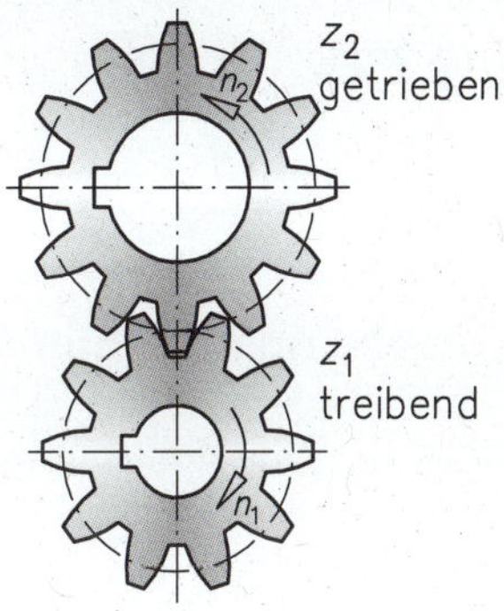

1 Riementrieb

A Arten der Drehmoment-Übertragung

① Wie erfolgt die Übertragung des Drehmoments („Kraftübertragung“) bei den abgebildeten Riementrieben?

Übertragung des Drehmoments durch

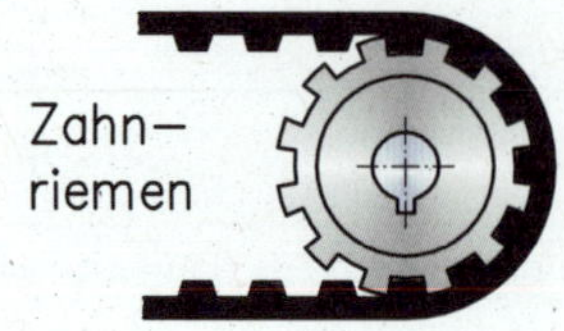

Übertragung des Drehmoments durch

② Welchen Nachteil hat der Flachriementrieb gegenüber dem Zahnriementrieb?

③ Welche wichtige Eigenschaft müssen Riemen aufweisen?

Riemen – [ ] **– eigenschaft**

B Kraftschlüssige Riementriebe

Welche Riemenarten unterscheidet man bei kraftschlüssigen (reibungsschlüssigen) Riementrieben?

	Bezeichnung	Eigenschaften
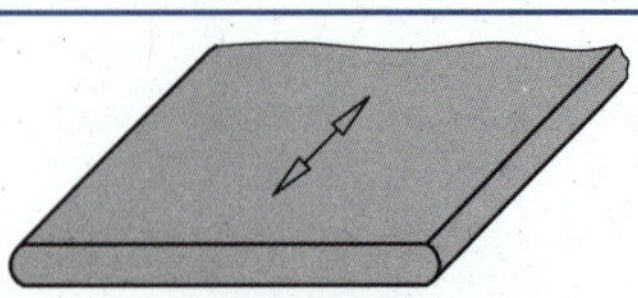		
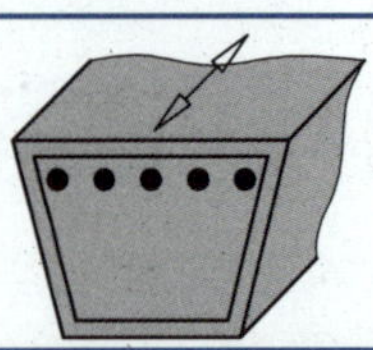		
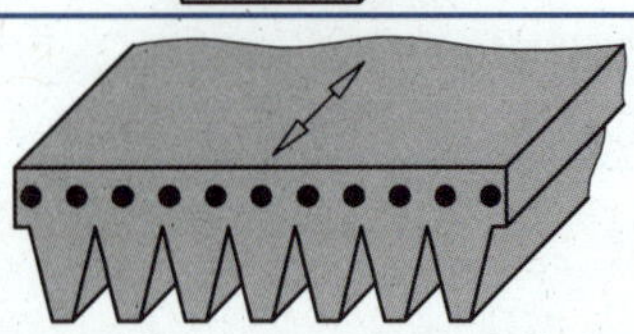		

C Vorteile und Nachteile

Welche Vor- und Nachteile haben Riementriebe?

Vorteile	Nachteile

2 Kettentrieb

A Anwendung von Kettentrieben

Nennen Sie einige Beispiele, wo Kettentriebe verwendet werden.

______

______

B Aufbau eines Kettentriebs

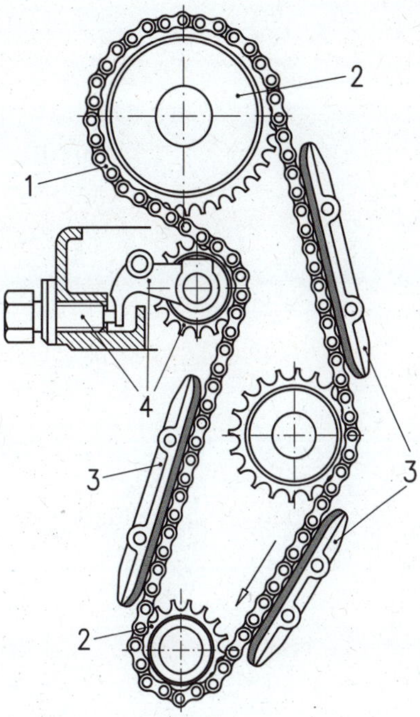

① Wie bezeichnet man die bezifferten Teile?

1 ______

2 ______

3 ______

4 ______

② Welche Aufgabe hat die Spannvorrichtung (Kettenspanner)?

a) ______

b) ______

C Ketten

① Wie bezeichnet man die abgebildeten Ketten?

______

______

② Zu welchem Zweck werden Mehrfach-Rollenketten (zwei- bis vierfach) eingesetzt?

______

D Vor- und Nachteile

Welche Vor- und Nachteile haben Kettentriebe?

Vorteile	Nachteile

3 Zahnradtrieb

A Zahnradtrieb und Riementrieb

Welche Vor- und Nachteile hat der Zahnradtrieb gegenüber dem Riementrieb?

Vorteile	Nachteile

B Zahnräder und Zahnradtriebe

① Wie werden die abgebildeten Zahnräder bezeichnet?

		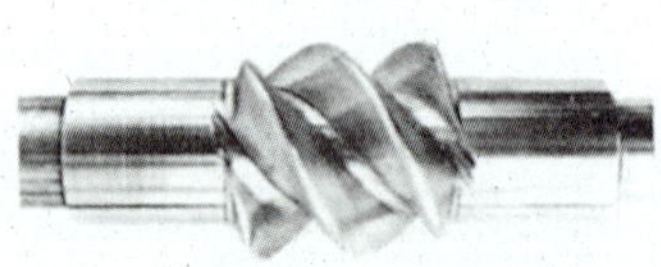

② a) Mit welchen Zahnrädern lassen sich die folgenden Wellenpaare verbinden? Zeichnen Sie grob die entsprechenden Zahnräder ein. (Welle 1 treibt jeweils Welle 2.)

b) Wie bezeichnet man den jeweiligen Zahnradtrieb?

		1. Möglichkeit:	2. Möglichkeit:
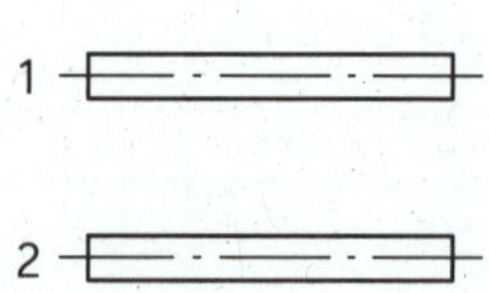	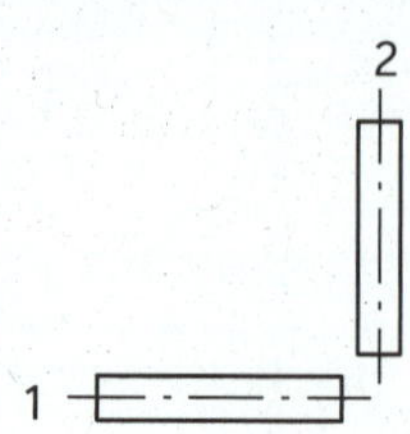	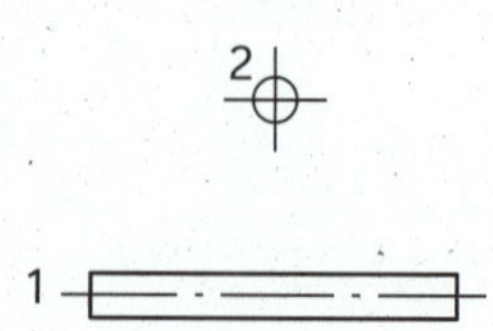	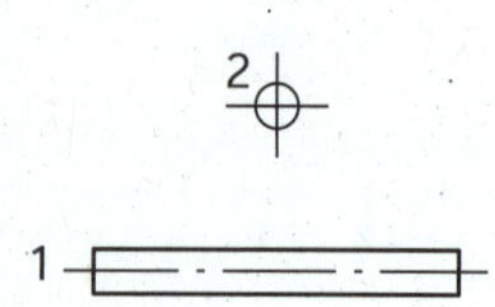
(Bezeichnung)	(Bezeichnung)	(Bezeichnung)	(Bezeichnung)

③ a) Wie bezeichnet man die Teile des abgebildeten Zahnradtriebs?
b) Für welchen besonderen Zweck wird dieser Zahnradtrieb verwendet?

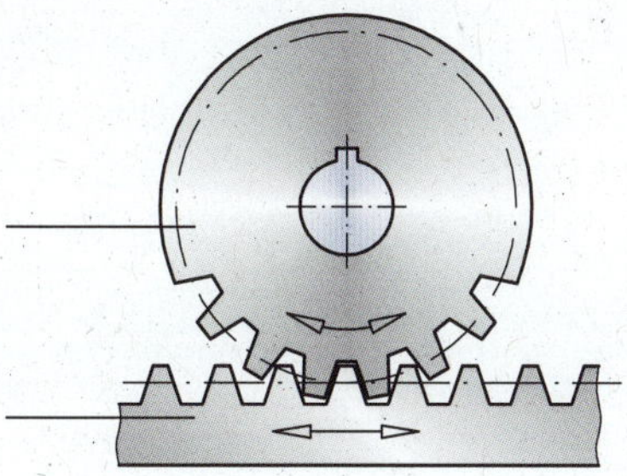

Zweck:

C Stirnräder

Wie bezeichnet man die abgebildeten Arten von Stirnrädern?

Besonderheiten:

Besonderheiten:

Besonderheiten:

D Kegelradtrieb

Welche Vorteile haben bogenverzahnte Kegelräder?

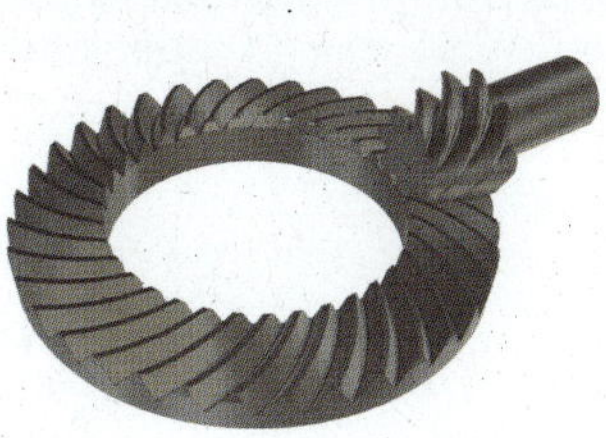

a)

b)

E Schraubenradtrieb

Welchen Vor- und Nachteil haben Schraubenradtriebe?

Vorteil: ____________________

____

____

Nachteil: ____________________

____

____

F Schneckentrieb

In welchen Fällen verwendet man Schneckentriebe?

Schneckentriebe für

____

G Zahnradabmessungen

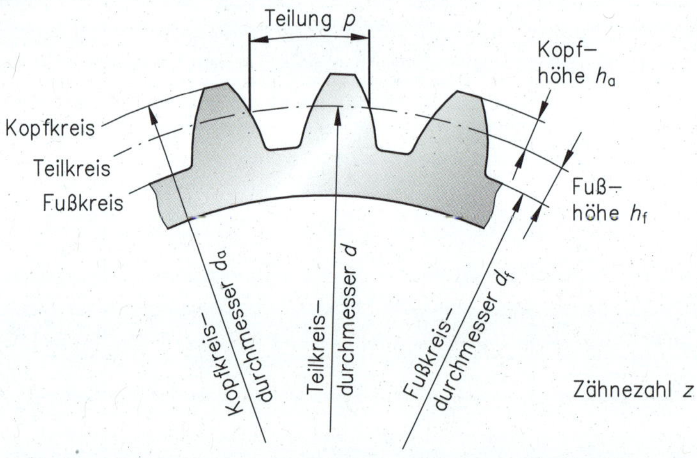

Der Teilkreisdurchmesser ist das Ausgangsmaß zur Berechnung aller übrigen Maße am Zahnrad. Für die Fertigung ist es deshalb wichtig, dass dieses Ausgangsmaß eine möglichst „glatte" Zahl ist.

① Wie kommt man zu einer solchen „glatten" Zahl für das Maß des Teilkreisdurchmessers?

Der Umfang des Teilkreises errechnet sich aus Teilung · Zähnezahl, also U = ______ · ______. Da die normale Kreisformel $U = d \cdot \pi$ lautet, können wir auch schreiben: ______ · ______ = ______ · ______. Um den Teilkreisdurchmesser d zu errechnen, muss der Umfang durch ______ geteilt werden, also $d = \frac{U}{\pi}$, oder anders geschrieben: d = ______ · Das Ergebnis wäre in der Regel ein ____________________ Dezimalbruch (z. B. $d = \frac{10\text{ mm} \cdot 18}{\pi} = 57{,}29578...\text{ mm}$).

Solche Maße müssten bei der Fertigung aufgerundet oder abgerundet werden, was bei Zahnradtrieben zu ____________________ im Eingriff der Räder führen würde. Um dies zu vermeiden, wählt man für die

Teilung p ein Maß, welches das Produkt aus π mal einer „glatten" Zahl ist, also $p = \pi \cdot 1$ (2, 3...). Diese „glatte" Zahl nennt man den ____________________; er hat die Einheit mm.

Für die Berechnung des Teilkreisdurchmessers gilt demnach:

Teilkreisdurchmesser $d = \frac{p \cdot z}{\pi} = \frac{\pi \cdot \text{Modul} \cdot \text{Zähnezahl}}{\pi} \triangleq \frac{\pi \cdot m \cdot z}{\pi}$;

daraus ergibt sich durch Kürzen von π:

$d =$ ______________

Auch das Maß für den Kopfkreisdurchmesser d_a ist dann eine „glatte" Zahl, da die Zahnkopfhöhe h_a immer so groß wie der Modul m ist (z. B. $m = 4$ mm, $h_a = 4$ mm). Demnach gilt für den

Kopfkreisdurchmesser $d_a = d +$ ______________.

② Welchen Einfluss hat der Modul auf die Zahngröße?

Je **größer** der **Modul**, umso ____

H Zahnformen

① Welche Zahnformen unterscheidet man nach dem Kurvenverlauf der Zahnflanken?

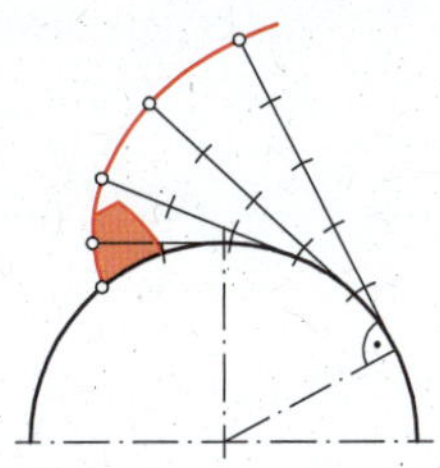

____

② In welchen technischen Bereichen wird diese Zahnform vorwiegend verwendet?

____

____

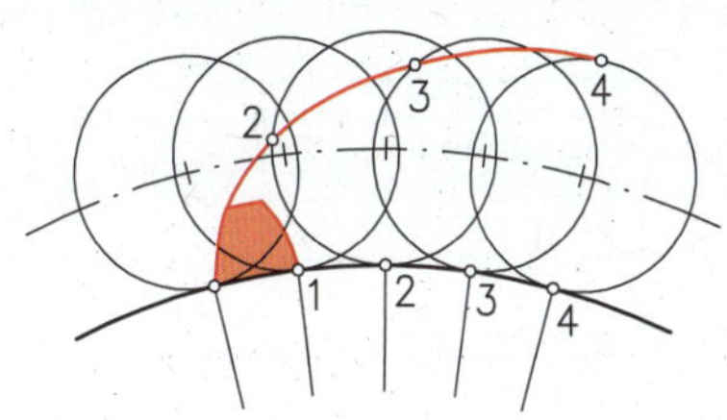

____

② In welchen technischen Bereichen wird diese Zahnform vorwiegend verwendet?

____

____

③ Welchen Vorteil haben Zahnräder mit solchen Flankenkurven?

____

____

④ Welche Bedingung gilt für Zahnräder, die ineinander greifen?

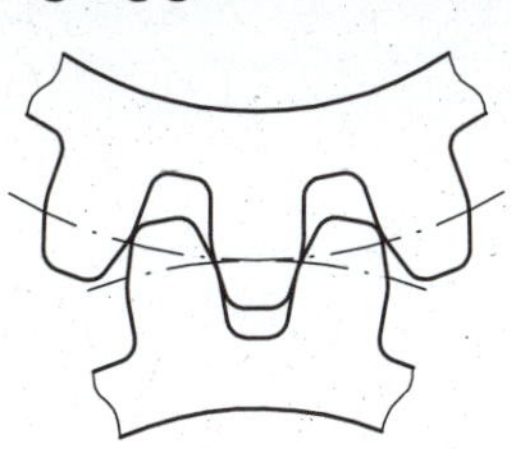

____

Berechnungen zu Riementrieb und Zahnradtrieb

Beim Riementrieb haben die beiden Riemenscheiben dieselbe Umfangsgeschwindigkeit. Beim Zahnradtrieb haben beide Zahnräder am Teilkreis ebenfalls dieselbe Umfangsgeschwindigkeit.

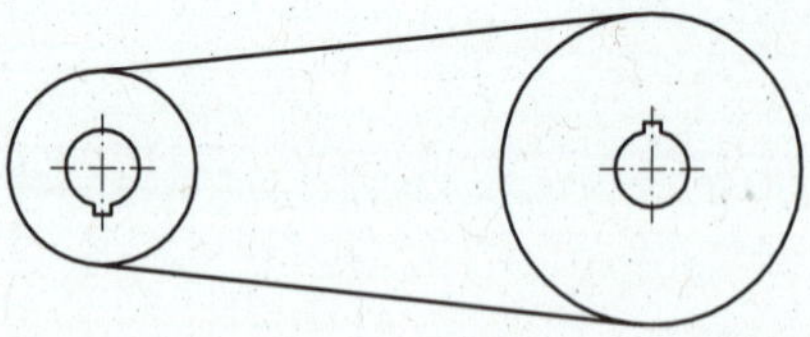

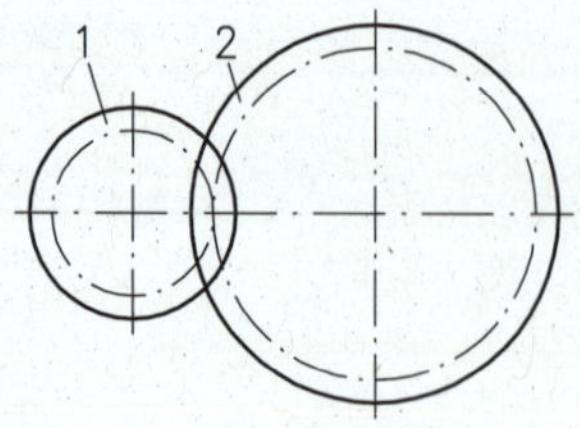

Daraus folgen symmetrische Formeln für den Riemen- und Zahnradtrieb:

Riementrieb	**Zahnradtrieb**
$d_1 \cdot n_1 = d_2 \cdot n_2$	$z_1 \cdot n_1 = z_2 \cdot n_2$

Die Formeln für das Übersetzungsverhältnis *i* lauten:

Riementrieb	Zahnradtrieb
$i = \frac{n_1}{n_2}$ oder $i = \frac{d_2}{d_1}$	$i = \frac{n_1}{n_2}$ oder $i = \frac{z_2}{z_1}$

(Diese und weitere Formeln s. auch Tab.buch.)

① Der Motor treibt den Kegelscheibentrieb mit 1 000 $\frac{1}{\text{min}}$ an. Berechnen Sie

a) den „wirksamen“ Durchmesser der getriebenen Welle, wenn diese 600 $\frac{1}{\text{min}}$ machen soll,

b) das Übersetzungsverhältnis,

c) die Riemengeschwindigkeit.

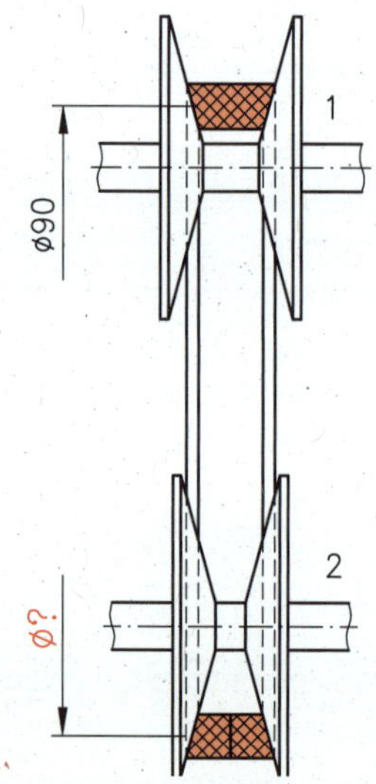

② Das treibende Rad eines Zahnradtriebs hat 24 Zähne, das getriebene Rad hat 64 Zähne und macht 75 Umdrehungen pro Minute. Berechnen Sie

a) die Drehzahl des treibenden Rads,

b) das Übersetzungsverhältnis.

Berechnungen zu Zahnrädern

(Zu Bezeichnungen und Formeln am Zahnrad s. S. 10/11 und Tabellenbuch)

① Ein Zahnrad hat 24 Zähne und den Modul 5 mm. Berechnen Sie

a) die Teilung p:

b) die Zahnkopfhöhe h_a:

c) den Teilkreisdurchmesser d:

d) den Kopfkreisdurchmesser d_a:

e) das Kopfspiel c:

f) den Fußkreisdurchmesser d_f:

g) die Zahnhöhe h:

h) die Zahnfußhöhe h_f:

② Das Zahnrad am abgebildeten Zahnrad-Zahnstangentrieb hat 24 Zähne und den Modul 3,5. Wie groß ist der Vorschub der Zahnstange bei einer halben Umdrehung des Zahnrads?

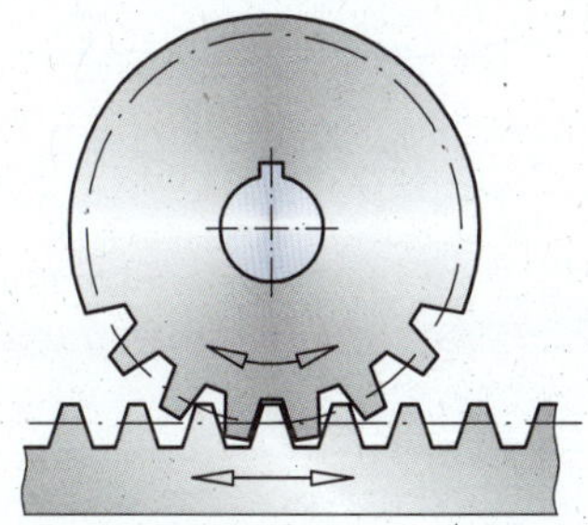

③ Bei einem Zahnradtrieb hat das treibende Rad 18 Zähne, das getriebene Rad 72 Zähne. Der Modul ist 4 mm. Berechnen Sie den Achsabstand der Räder

a) bei Außenverzahnung,

b) bei Innenverzahnung.

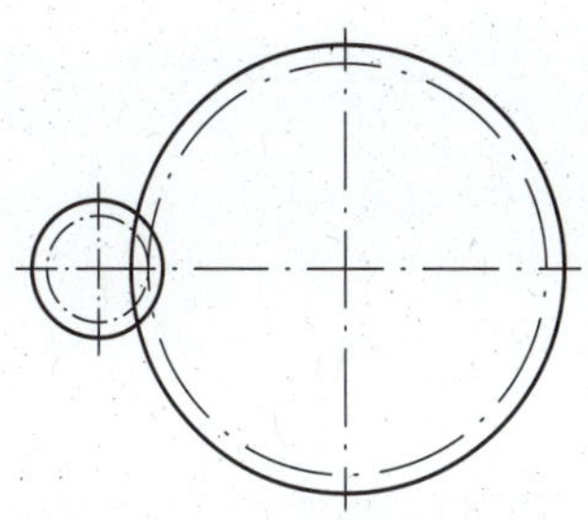

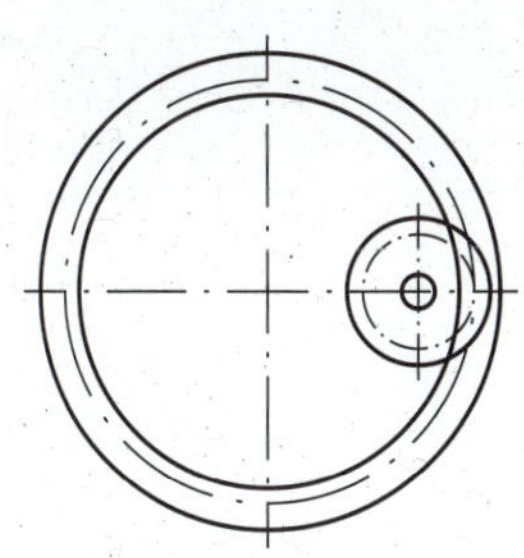

Berechnungen zum Drehmoment an Zahnrädern

(Zu Drehmomentformeln s. auch Tabellenbuch.)

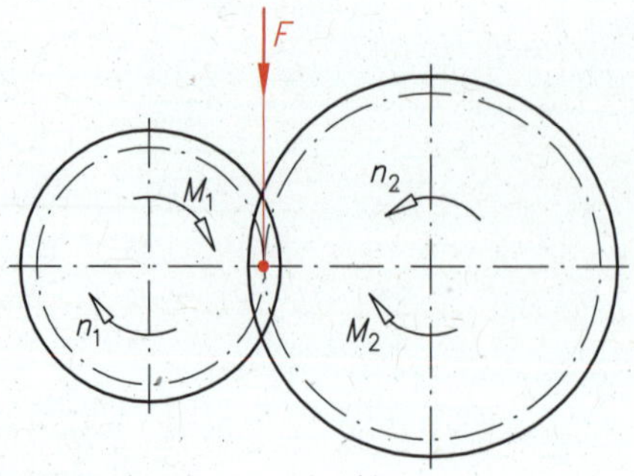

F Kraft am Umfang (Teilkreis)

Formel für Drehmoment M: $M = F \cdot l$

F Kraft in N
l Hebellänge in m (!)

→ Drehmoment am treibenden Zahnrad (1):

$$M_1 = F \cdot \frac{d_1}{2}$$

Drehmoment am getriebenen Zahnrad (2):

$$M_2 = F \cdot \frac{d_2}{2}$$

→ $\frac{M_2}{M_1} = \frac{z_2}{z_1}$ oder $\frac{M_2}{M_1} = \frac{n_1}{n_2}$

Übersetzung $i = \frac{M_2}{M_1}$

① Eine Elektromotorwelle mit z_1 gibt ein Drehmoment von 180 Nm ab. Wie groß ist das Drehmoment am getriebenen Rad z_2?

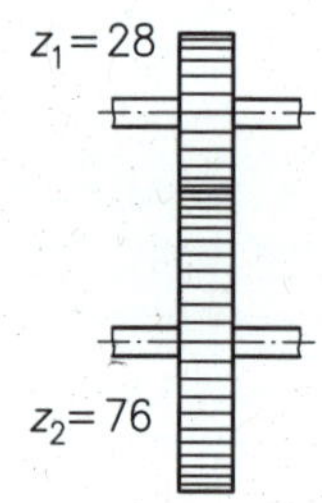

② Das Drehmoment des treibenden Zahnrads beträgt 120 Nm, seine Zähnezahl 20. Das getriebene Zahnrad hat 38 Zähne, der Modul ist 3,5 mm. Berechnen Sie
a) die Kraft am Umfang der Teilkreise,
b) das Drehmoment des getriebenen Rads.

Kupplungen

Problemstellung:

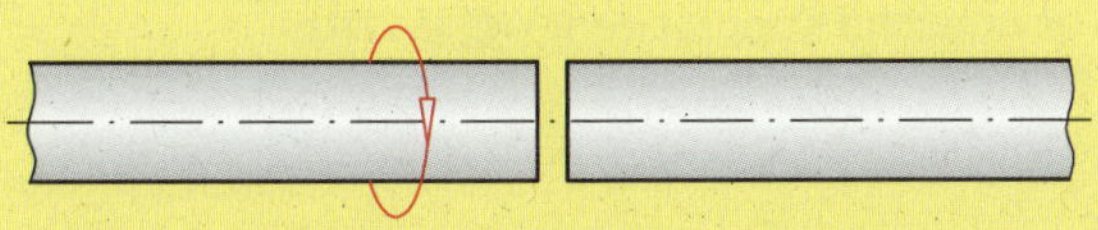

Von zwei Wellen, die miteinander fluchten, soll die eine ihre Drehbewegung auf die andere übertragen. Welche Möglichkeiten, die beiden Wellen miteinander zu verbinden (≙ miteinander zu „kuppeln“), kennen Sie aus Ihrer Erfahrung oder können Sie sich vorstellen?

____

____

____

A Zweck

Wozu dienen Kupplungen hauptsächlich?

Hauptaufgabe: ______________________________

____

B Einteilung der Kupplungen

Welche zwei großen Gruppen lassen sich bei Kupplungen unterscheiden?

______________ Kupplungen	______________ Kupplungen
Untergruppen:	Untergruppen:
a) ______________	a) ______________
b) ______________	b) ______________

C Starre Kupplungen

① Wie bezeichnet man die abgebildeten Kupplungen?

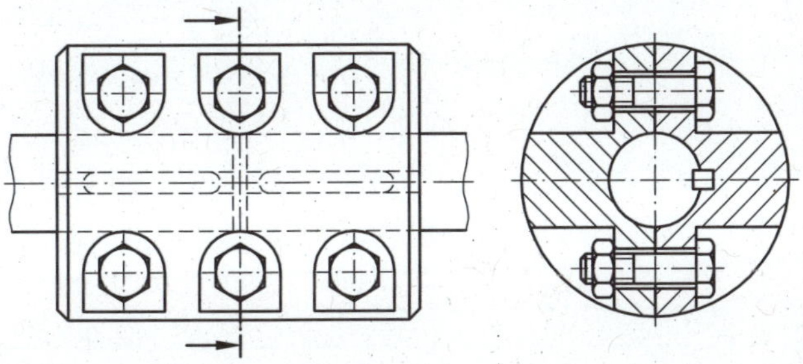

____

1

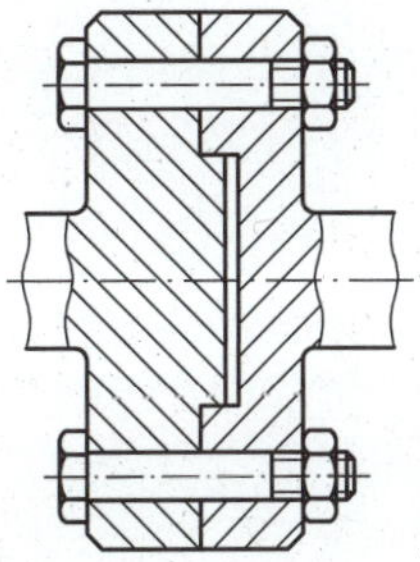

2

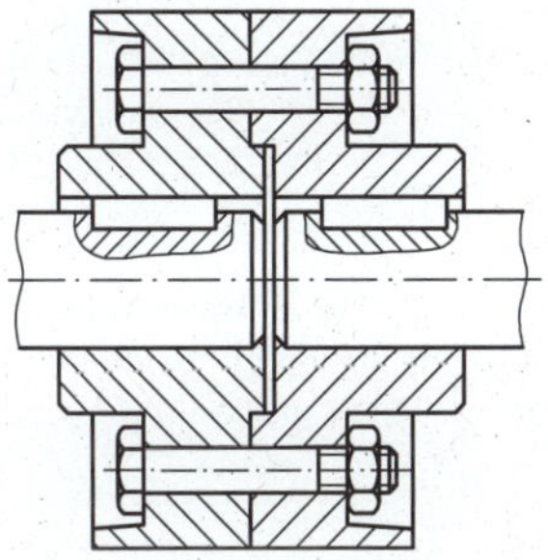

1 ______________________________

2 ______________________________

② Welche Voraussetzungen müssen bei solchen Kupplungen die zu verbindenden Wellen aufweisen?

____

____

D Bewegliche Kupplungen

① In welchen Fällen werden sog. bewegliche Kupplungen eingesetzt?

a)

b)

c)

② Wie bezeichnet man die abgebildeten Kupplungen? Welche Besonderheiten in der Verwendung weisen sie auf?

	Bezeichnung	Besonderheiten
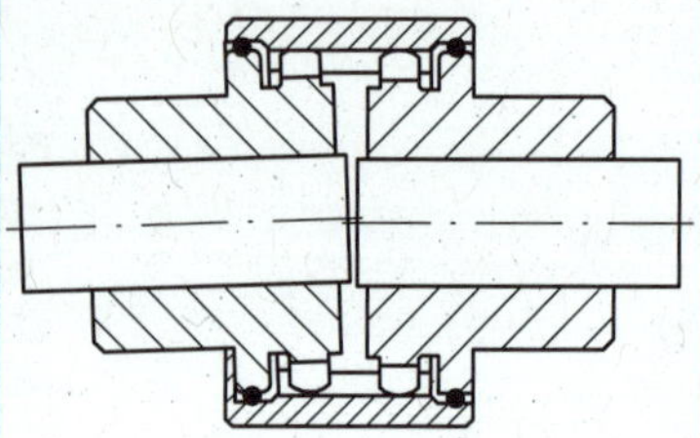		
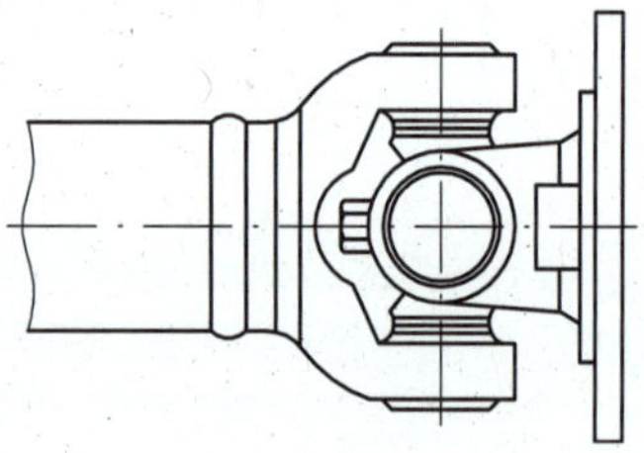		
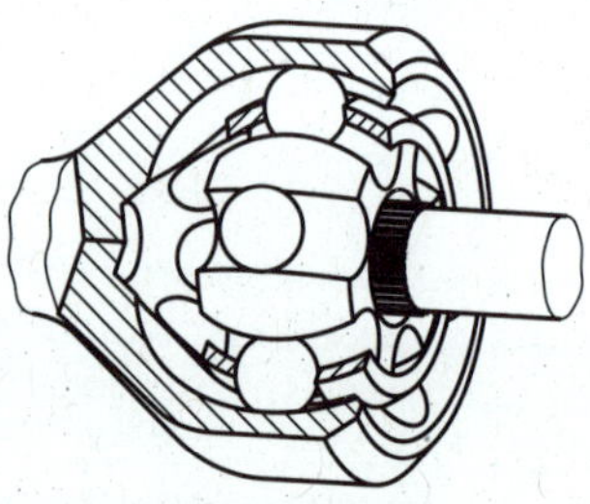		
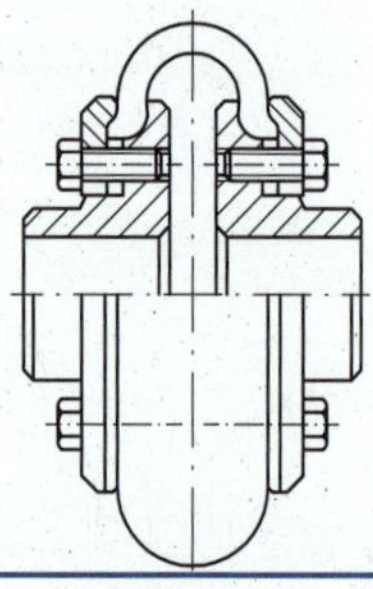		
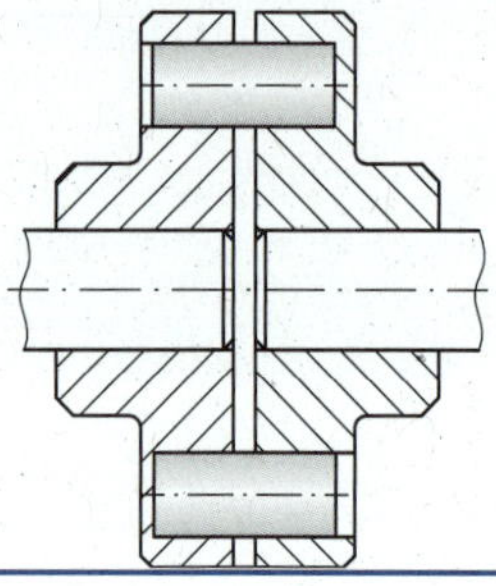		

E Klauen- und Zahnkupplungen

① Wie bezeichnet man die abgebildeten Kupplungen genauer?

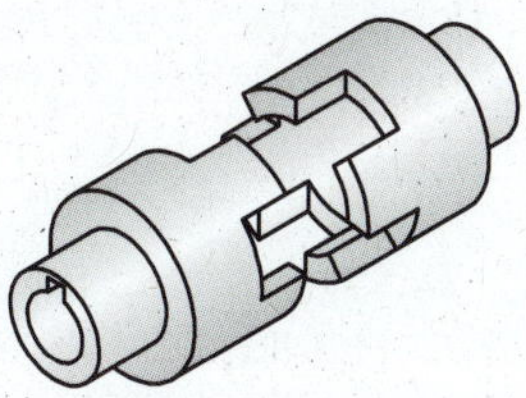

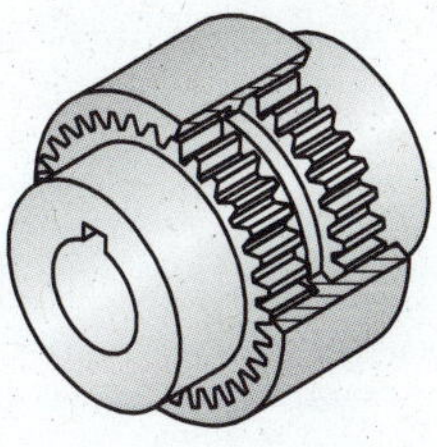

② Welchen Nachteil beim Schalten haben Klauen- und Zahnkupplungen?

F Reibungskupplungen

① Wie bezeichnet man die abgebildeten Kupplungen genauer?

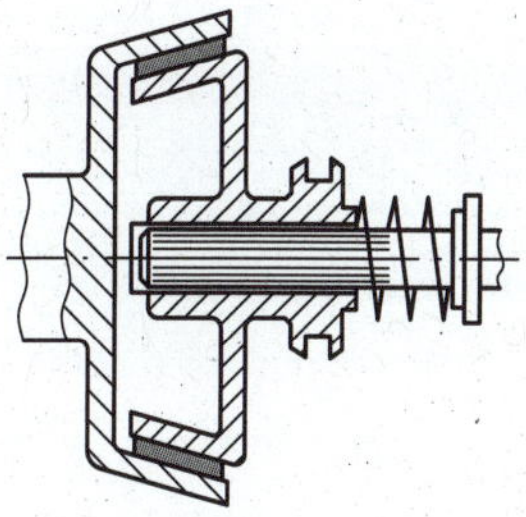

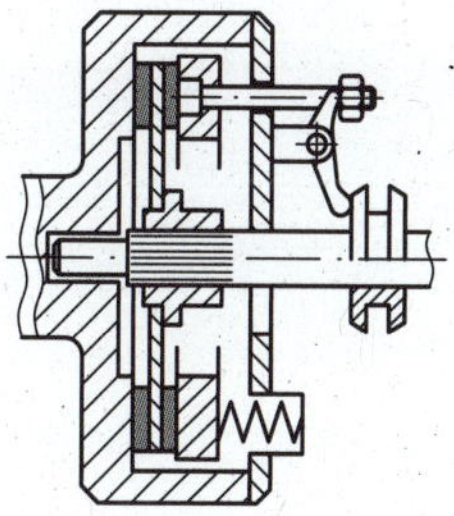

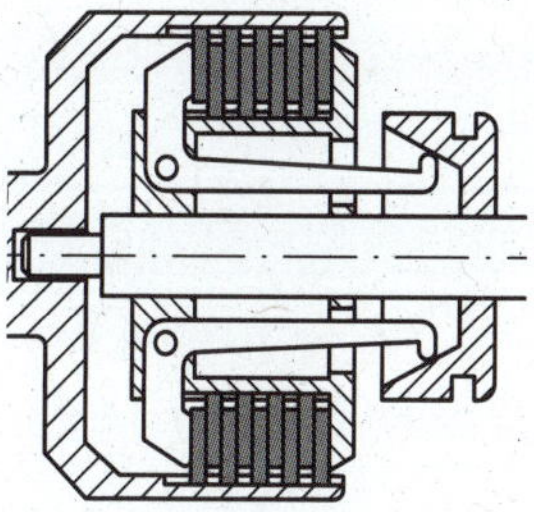

② Welchen Vorteil beim Schalten haben Reibungskupplungen?

G Sicherheitskupplungen

① Welche besondere Aufgabe haben Sicherheitskupplungen?

② Nennen Sie zwei Sicherheitskupplungen.

a)

b)

1 Schutzgasschweißen

A Grundsätzliches zum Schutzgasschweißen

① Die Skizze zeigt, wie das Schutzgasschweißen prinzipiell funktioniert.
Erläutern Sie die Ziffern.

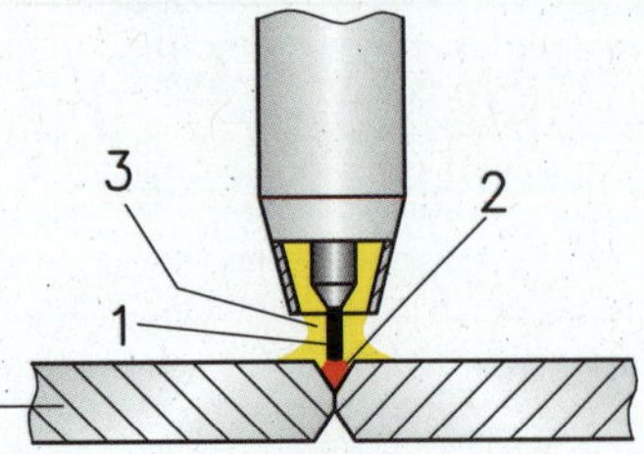

1 ____________________

2 ____________________

3 ____________________

② Welche Aufgabe hat das Schutzgas beim Schutzgasschweißen?

____

____

____

③ Welche Elektroden werden beim Schutzgasschweißen verwendet? Welche Verfahren werden danach unterschieden?

Elektroden

abschmelzend | **nicht abschmelzend**

____________________ | ____________________

Bezeichnungen für Verfahren: | Bezeichnungen für Verfahren:

Abk: ______ | Abk: ______ | Abk: ______ | Abk: ______

B MIG- und MAG-Schweißen

MIG-MAG-Schweißanlage

① Welcher Lichtbogen (Wechselstrom-, Gleichstromlichtbogen) wird beim MIG-MAG-Schweißen verwendet?

Lichtbogen MIG/MAG: ______________________

② Welche Schutzgase werden beim MIG- und MAG-Schweißen verwendet?
Welche Werkstoffe werden mit diesem Verfahren geschweißt?

	Schutzgas	Anwendung bei
MIG		
MAG		

③ Wie verhalten sich die Schutzgase des MIG-Schweißens und des MAG-Schweißens chemisch?

Schutzgas MIG-Schweißen: ______________________

Schutzgas MAG-Schweißen: ______________________

④ Schweißspannung und Vorschubgeschwindigkeit der Drahtelektrode werden vor dem Schweißen eingestellt. Welche Faktoren beeinflussen diese Einstellung?

______________________ → beeinflussen → **Höhe Schweißspannung, Vorschubgeschw. Drahtelektrode**

C WIG-Schweißen

WIG-Schweißanlage

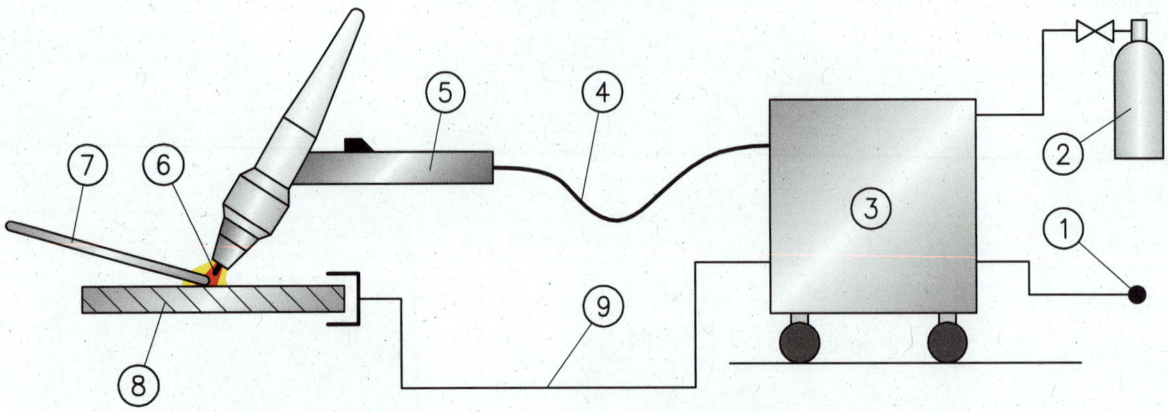

① Erläutern Sie die Ziffern der Zeichnung.

1

2

3

4

5

6

7

8

9

② Welche Schutzgase werden beim WIG-Schweißen verwendet?
Welche Werkstoffe werden geschweißt?

Schutzgas	Anwendung bei	
	Gleichstromlichtbogen	Wechselstromlichtbogen

③ Nennen Sie die Schweißfehler und ihre Folgen bei den abgebildeten Schweißnähten.

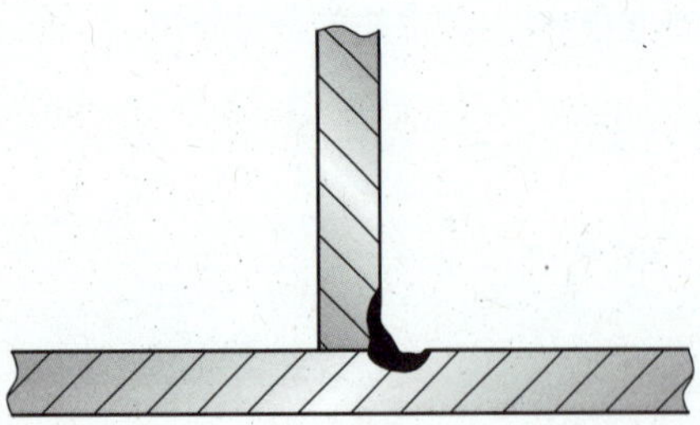

Fehler:

Folgen:

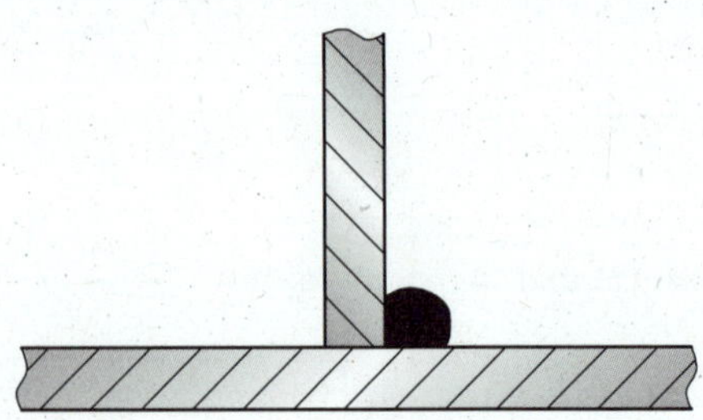

Fehler:

Folgen:

D Wolfram-Plasmaschweißen (WP)

① Das Wolfram-Plasmaschweißen ist eine Abänderung des WIG-Schweißens. Zur WIG-Schweißanlage kommen ein Plasma-Steuergerät und ein besonderer Schweißbrenner hinzu.

Plasma-Schweißbrenner

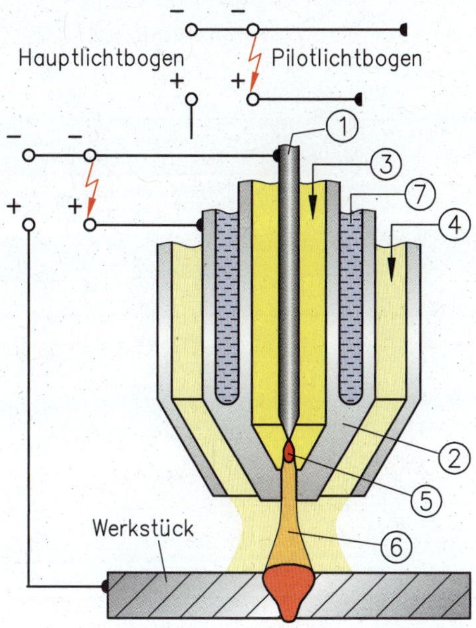

Erläutern Sie die Ziffern der Zeichnung.

1 ______________________

2 ______________________

3 ______________________

4 ______________________

5 ______________________

6 ______________________

7 ______________________
(entfällt bei kleineren Geräten; dort Kühlung durch Schutzgas)

② Welche Aufgaben hat das Plasmasteuergerät?

a) ______________________

b) ______________________

③ Welche Gase werden beim Plasmaschweißen verwendet?

Plasmagas	Schutzgas

④ Welche Besonderheiten weist der Plasma-Lichtbogen auf?

Zündung: ______________________

Führung: ______________________

Stromart: ______________________

⑤ Welche Vorteile hat das Plasmaschweißen?

____

____

____

____

E Schweißnahtformen

① Schweißnähte können verschiedene Formen aufweisen.
a) Zeichnen Sie farbig die Schweißnaht ein, die entsteht, wenn die jeweiligen Werkstücke geschweißt werden.
b) Wie wird die jeweilige Schweißnaht bezeichnet?
c) Tragen Sie die sinnbildliche Darstellung der Schweißnaht ein, wie sie in technischen Zeichnungen verwendet wird.

a	b	c
		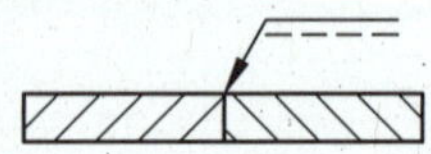
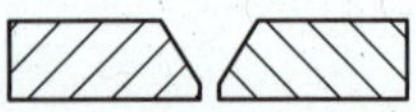		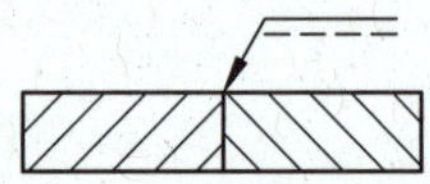
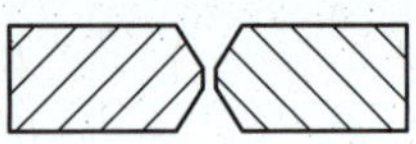		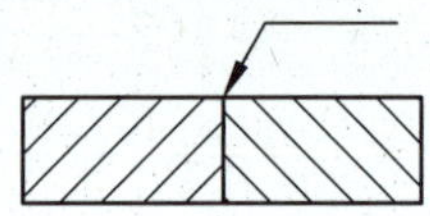
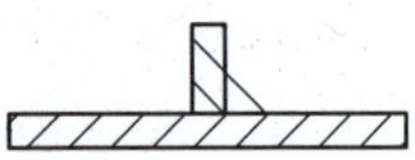		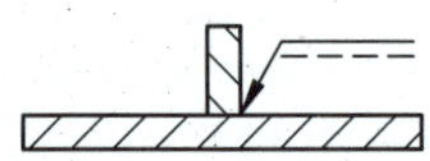
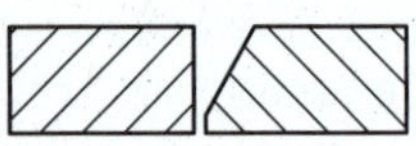		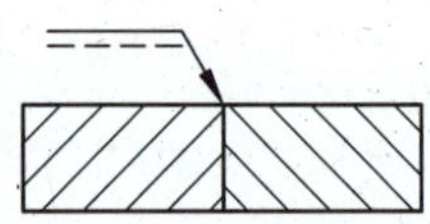
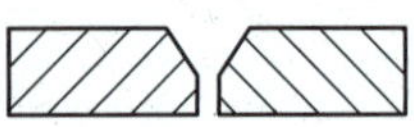		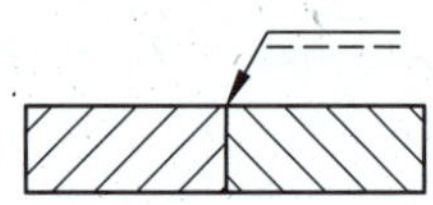

② Was bedeutet die folgende sinnbildliche Schweißnaht-Darstellung?

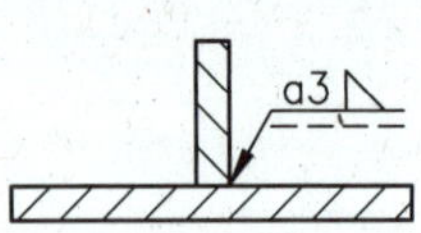

F Arbeitssicherheit

Beim Schweißen muss hoher Wert auf die Arbeitssicherheit gelegt werden. Vor welchen Gefährdungen muss der Schweißer besonders geschützt werden?

Berechnungen zum Schutzgasschweißen

① Zwei Grobbleche werden mit einer Doppelkehlnaht $a = 4$ mm verschweißt. Die Arbeit erfolgt mit MAG-Schutzgasschweißen bei einem Drahtdurchmesser von 1,2 mm.

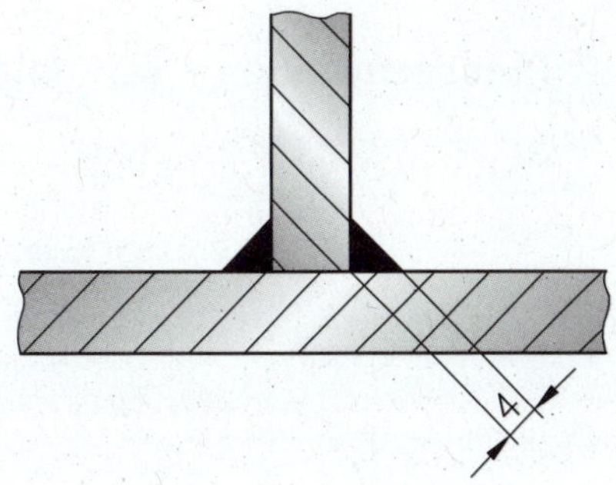

Berechnen Sie
a) den Querschnitt der Naht,
b) das Volumen der Schweißnaht, wenn die Doppelkehlnaht 1 400 mm lang ist (Die Nahtüberhöhung wird vernachlässigt),
c) die Länge des verbrauchten Schweißdrahts.

② An einer WIG-Schweißanlage wird als Schutzgas Argon eingesetzt. Eine volle Argonflasche (Rauminhalt 50 l, Fülldruck 200 bar) kostet 172 Euro. Bei der Schweißarbeit werden 17 bar Druck verbraucht.
a) Wie viele Liter Argon wurden verbraucht?
b) Wie viel kostet das verbrauchte Argon?

2 Pressschweißen

A Pressschweißen – Schmelzschweißen

Welcher grundsätzliche Unterschied besteht zwischen dem Pressschweißen und dem Schmelzschweißen?

Pressschweißen	Schmelzschweißen

B Abbrennstumpfschweißen

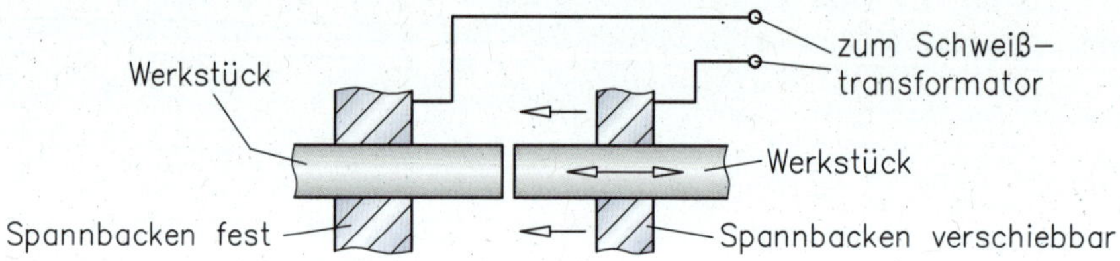

① Wie geht das Abbrennstumpfschweißen vor sich?

② Wo wird das Abbrennstumpfschweißen angewendet?

C Reibschweißen

Wie geht das Reibschweißen vor sich?

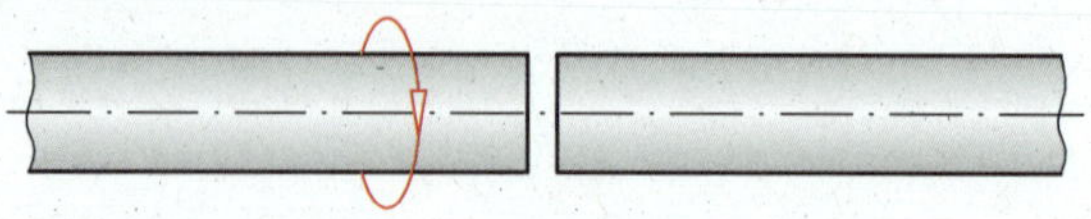

Problemstellung:

Beschreiben Sie, inwiefern der Zerspanungsmechaniker durch nachlässiges oder fehlerhaftes Handeln

sich selbst gefährden kann:	**die Maschine gefährden** kann:

Wie könnte der Zerspanungsmechaniker diese Gefahren vermeiden?

A Sicherheitseinrichtungen an Maschinen zum Schutz des Menschen (Beispiele)

Menschen machen Fehler. Bei der Bedienung einer Maschine können sich diese für den Menschen oder die Maschine katastrophal auswirken. Deshalb sind moderne Maschinen meist so konstruiert, dass Schäden für Mensch und Maschine möglichst ausgeschlossen werden.

Beispiel:
CNC-Drehmaschine

① Nennen Sie Sicherheitseinrichtungen an modernen CNC-Maschinen und beschreiben Sie ihre Aufgabe.

1. ______
2. ______
3. ______
4. ______
5. ______
6. ______

② Wie bezeichnet man die folgenden Sicherheitseinrichtungen an Maschinen zum Schutz des Menschen?

a) Lichtstrahlen schirmen einen gefährlichen Bereich der Maschine ab. Wenn eine Hand die Lichtstrahlen schneidet, schaltet die Maschine ab. (Sicherheitseinrichtung bei Pressen) } ____________

b) Ein Schalter muss gleichzeitig mit beiden Händen betätigt werden. (Sicherheitseinrichtung bei Pressen) } ____________

c) Die Maschine kann nur in Betrieb genommen werden, wenn mittels eines eigenen Schlüssels ein Schalter betätigt wird. } ____________

③ Industrieroboter haben mehrfache Sicherheitseinrichtungen.
Tragen Sie die Ziffern der Beschreibung in das Bild ein.

① **Sicherheitsraum** (kann während der Roboterarbeit nicht betreten werden)

② **Sicherheitstür** mit elektrischer Verriegelung

③ **Not-Aus-Schalter**

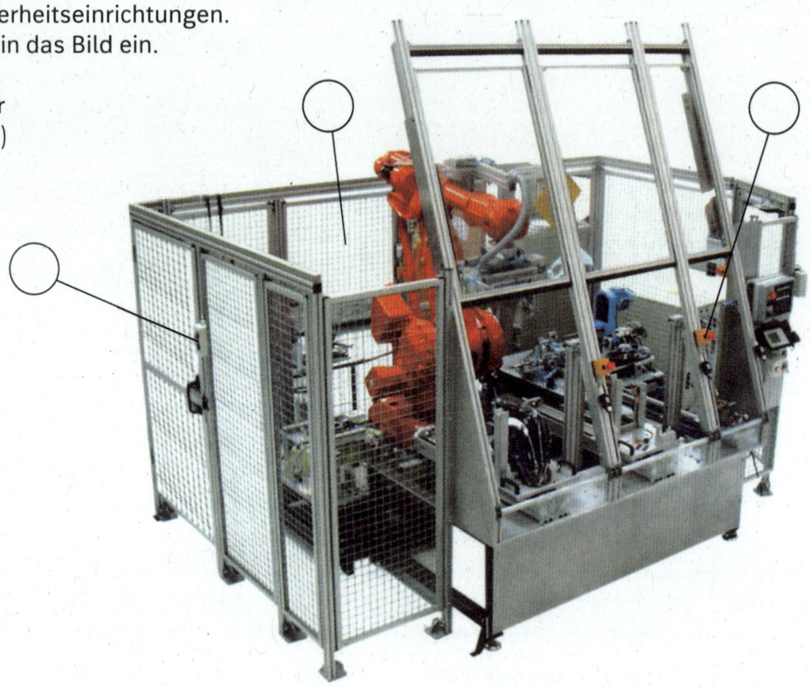

B Sicherheitseinrichtungen an Maschinen zum Schutz der Maschine (Beispiele)

① Wie kann bei einer Drehmaschine technisch verhindert werden, dass Schlitten und Drehmeißel gegen Drehfutter oder Reitstock fahren?

____

____

____

____

② Wie können Motoren und Getriebe von Werkzeugmaschinen vor Überlastung geschützt werden?

Schutz vor Überlastung

____

Bauarten: ____________

____

____

____

③ Welcher Wartungsfehler kann bei Maschinen zu schweren Schäden führen?

____________ ⇒ **Maschinenschaden**

A Generatorprinzip

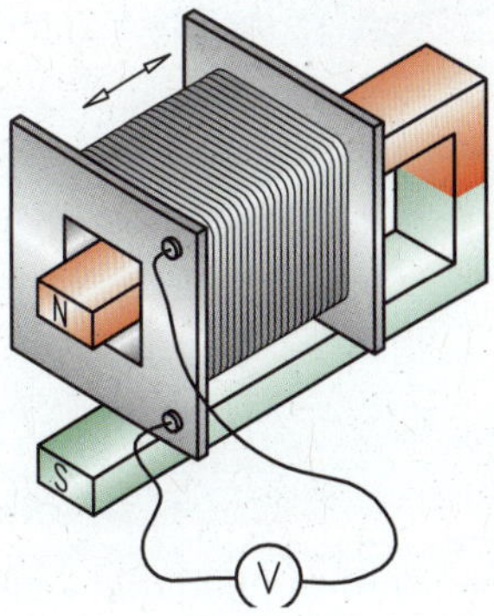

① Erklären Sie am Beispiel der Spule mit dem Permanentmagneten die „Induktion der Bewegung“.

② Wovon hängt die Größe der elektrischen Spannung ab?

③ Erklären Sie am Beispiel des Transformators die „Induktion der Ruhe“, wenn an der Primärspule
a) Gleichspannung und
b) Wechselspannung angelegt wird.

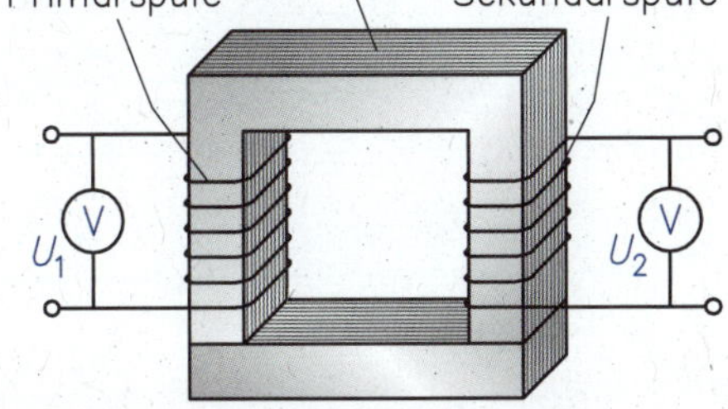

a)

b)

④ Welche Bedeutung haben die Windungszahlen der beteiligten Spulen?

B Spannungserzeugung in einem Generator

Durch die gleichmäßige Drehbewegung eines Magneten wird in jeder Spule (U, V, W) eine sinusförmige Wechselspannung induziert.

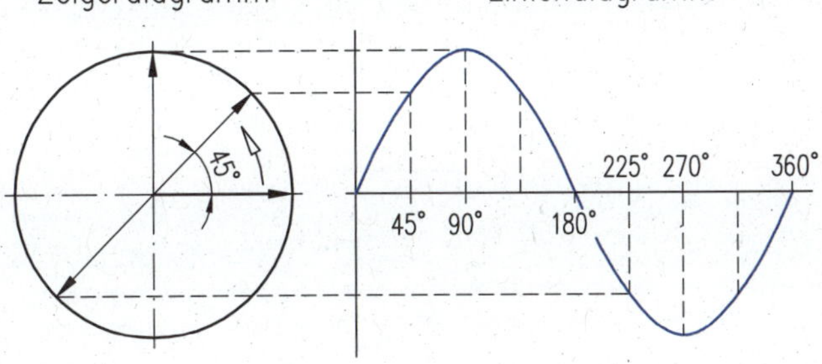

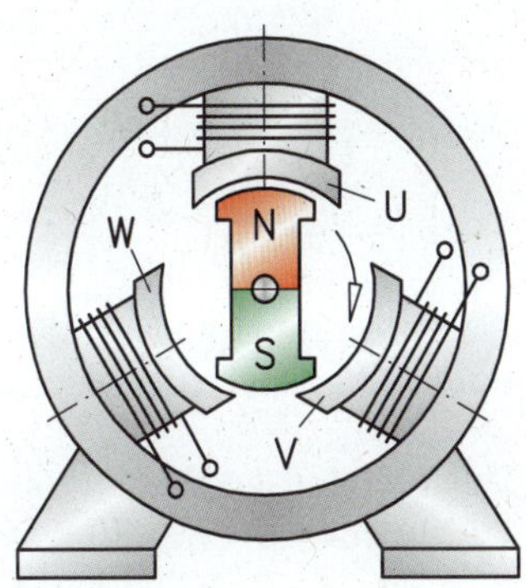

Drei-Phasen-Wechselstromgenerator

① Erklären Sie die Begriffe „Periode“ und „Frequenz“ bei Wechselspannung bzw. Wechselstrom.

② Was versteht man unter Drei-Phasen-Wechselstrom?

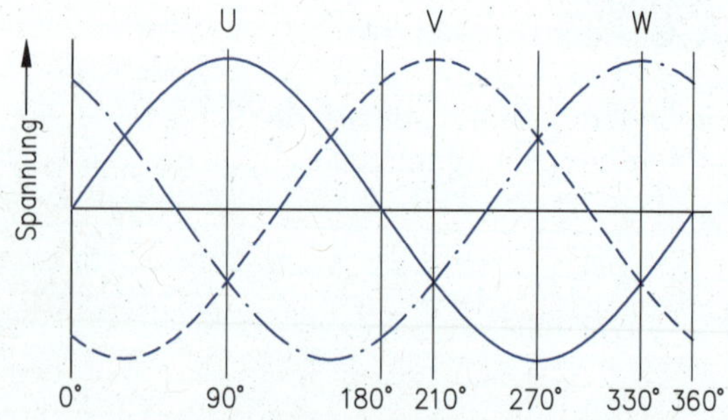

Wird von den drei Spulen jeweils ein Anschluss zum gemeinsamen Neutralleiter zusammengeführt, so ergibt sich mit den drei Außenleitern unser sog. Vierleiternetz.

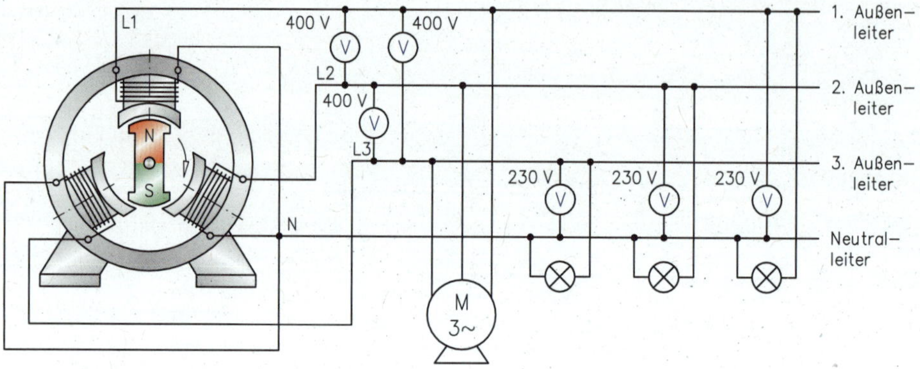

③ Wie werden grundsätzlich alle Geräte für Wechselstrom im Vierleiternetz angeschlossen?

④ Beschreiben Sie den besonderen Vorteil, den das Vierleiternetz für den Aufbau und Betrieb von Motoren hat und erklären Sie die verschiedenen Anschlussmöglichkeiten.

C Motorprinzip

Eine stromdurchflossene Spule erzeugt ein Magnetfeld. Wird dieses durch einen Eisenkern verstärkt, so entsteht ein Elektromagnet.

① Zeichnen Sie die Magnetpole des Ankers richtig ein und erklären Sie die Funktion des geteilten Schleifrings.

Ordnen Sie mit Strichen die Bezeichnungen den Teilen zu.

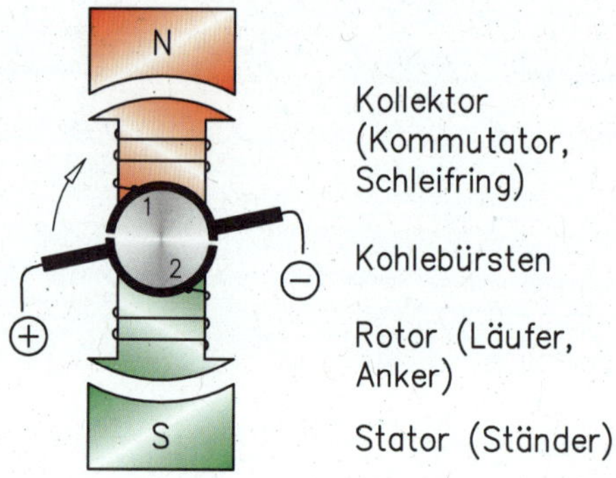

Gleichstrommotor

② Erklären Sie das Verhalten von Gleichstrommotor und Universalmotor, wenn die äußeren elektrischen Anschlüsse vertauscht werden.

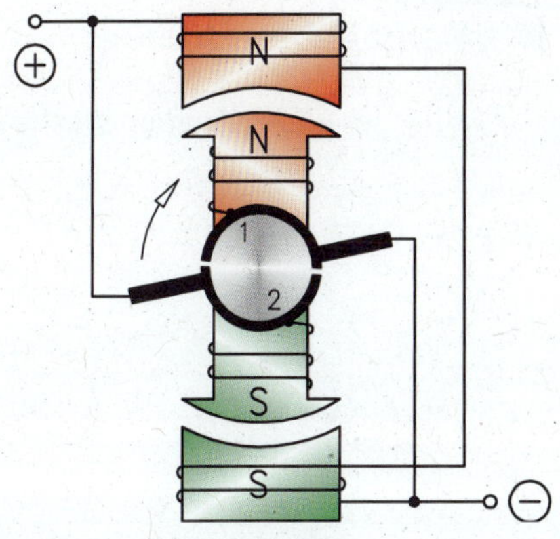

Universalmotor

③ Der Drehstrommotor ist an alle drei Außenleiter (Stern- oder Dreiecksschaltung) angeschlossen.

a) Wie kann seine Drehrichtung geändert werden?

b) Wodurch unterscheiden sich Synchronmotoren von Asynchronmotoren und wozu dienen Frequenzumrichter?

④ Das Bild zeigt die Belastungskennlinie eines Asynchronmotors.

a) Bezeichnen Sie die markierten Punkte.

b) Beschreiben Sie das Verhalten des Motors, wenn er aus dem Leerlauf mit zunehmendem Drehmoment belastet wird.

c) Wie verhält sich die Stromaufnahme des Motors?

b)

c)

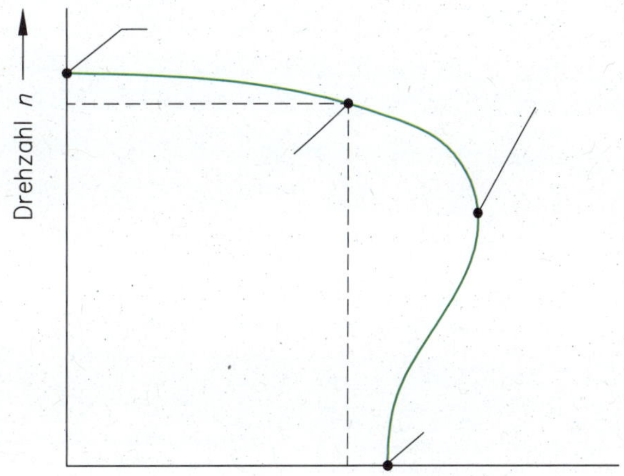

D Leistungsberechnung

Ohmscher Widerstand im Wechselstromkreis (z. B. Glühlampe, Heizelement)

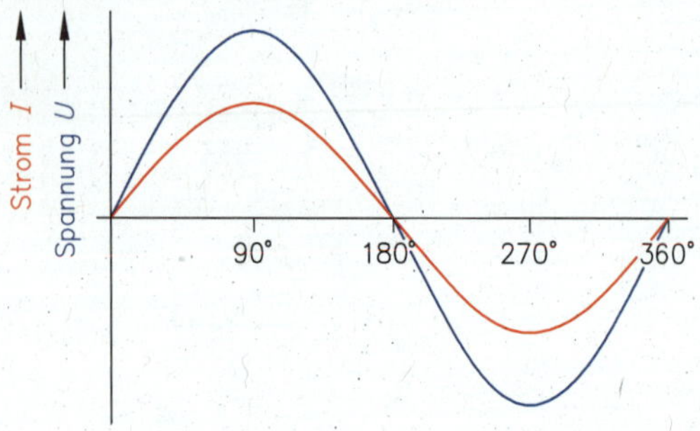

Induktiver Widerstand im Wechselstromkreis (Spule → Selbstinduktion)

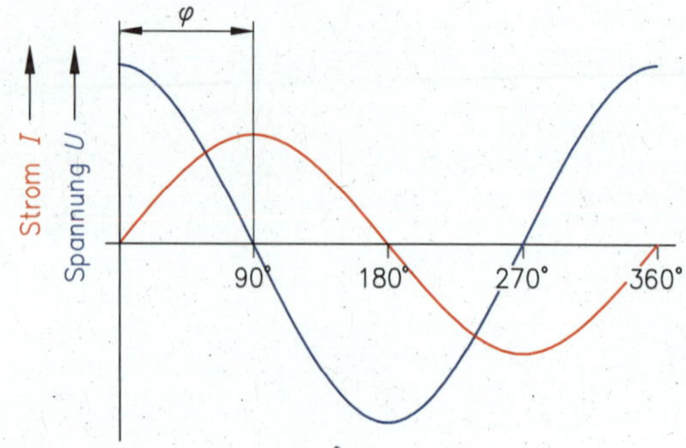

① Beschreiben Sie die Wirkungen der unterschiedlichen Widerstände im Wechselstromkreis.

② Elektromotoren haben einen ohmschen Widerstand (Wirkwiderstand) und einen induktiven Widerstand (Blindwiderstand). Je nach Bauart, Leistung und Belastungsfall liegt der Phasenverschiebungswinkel zwischen 0° und 90°. Wie ist die Phasenverschiebung bei der Leistungsberechnung von Wechselstrommotoren zu berücksichtigen?

③ Wie wird bei Drehstrommotoren (M 3~) zusätzlich der Verkettungsfaktor für alle drei Phasen berücksichtigt?

④ Die Motoren laufen mit der angegebenen Nennlast. Entnehmen Sie jeweils dem Leistungsschild die erforderlichen Daten und berechnen Sie
a) die Leistungsaufnahme des Motors und
b) seinen Wirkungsgrad bei Nennbelastung.

Hersteller		
AS–Motor		
1 AC (1~)	Fertigungsnummer	Herstellungsjahr
230 V		6,5 A
1,2 kW	S3	cos φ 0,91
1450 min^{-1}		50 Hz
Isol. Klasse A	IP 23	3,5 kg
Dauerbetriebskondensator 70 µF		

Hersteller		
D–Motor		
3 AC (3~)	Fertigungsnummer	Herstellungsjahr
400 V △		30 A
15 kW	S1	cos φ 0,86
970 min^{-1}		50 Hz
Isol. Klasse F	IP 54	45 kg
Kühlart IC 416		

Überwachen der Produkt- und Prozessqualität

Problemstellung:

Sie möchten sich ein neues Auto kaufen und haben eine große Auswahl. Nach welchen Kriterien würden Sie Ihr neues Fahrzeug auswählen?

Nennen Sie davon drei Kriterien, die für Sie persönlich am wichtigsten sind.

1 Qualitätsmanagement

A Arbeitsbereiche des Qualitätsmanagements

Die Qualitätsanforderungen an industrielle Produkte sind in den letzten Jahren und Jahrzehnten ständig gestiegen. So werden beispielsweise immer höhere Genauigkeiten gefordert. Um diese zu erreichen, ist ein in sich geschlossenes QM-System (Qualitäts-Management-System) erforderlich.
Wie in einem Regelkreis muss der Herstellungsprozess ständig überprüft und rechtzeitig korrigiert werden. Eine Endkontrolle ist zwar erforderlich, reicht aber nicht aus.

① An welchen Stellen im Unternehmen finden Qualitätsprüfungen statt und welche Aufgabe sollen sie jeweils speziell erfüllen?

② Nennen Sie Argumente, die in einem Unternehmen dafür sprechen, ein QM-System einzuführen.

B Qualitätsnormen

Die QM-Normung konzentriert sich auf vier Kernnormen. Geben Sie die Inhalte dieser Normen stichpunktartig an.

DIN EN ISO 9000

DIN EN ISO 9001

DIN EN ISO 9004

DIN EN ISO 19011

C Qualitätsgrundsätze

Nennen Sie mithilfe von Internet oder Tabellenbuch die acht Grundsätze des Qualitätsmanagements.

QM-Grundsätze

Qualität entsteht nur, wenn das Fachwissen und die Fähigkeit vorhanden sind, alle Einflüsse, die den Produktionsprozess beeinträchtigen oder hemmen, zu erkennen und zu beseitigen. Außerdem sind Bereitschaft und Aufwand erforderlich, um die Qualität ständig zu kontrollieren und zu verbessern.

2 Untersuchen der Maschinenfähigkeit – Projekt Tellerrad

Das abgebildete Tellerrad ist im Kegelgetriebe S. 88 Pos. 15 montiert.
Nach der spanenden Bearbeitung wird das Tellerrad in einer automatischen Durchlauf-Härteanlage aufgekohlt, gehärtet und angelassen.
Für die Qualitätssicherung ist es erforderlich, die Fertigungsstraße auf ihre Maschinenfähigkeit zu untersuchen bzw. einzustellen.

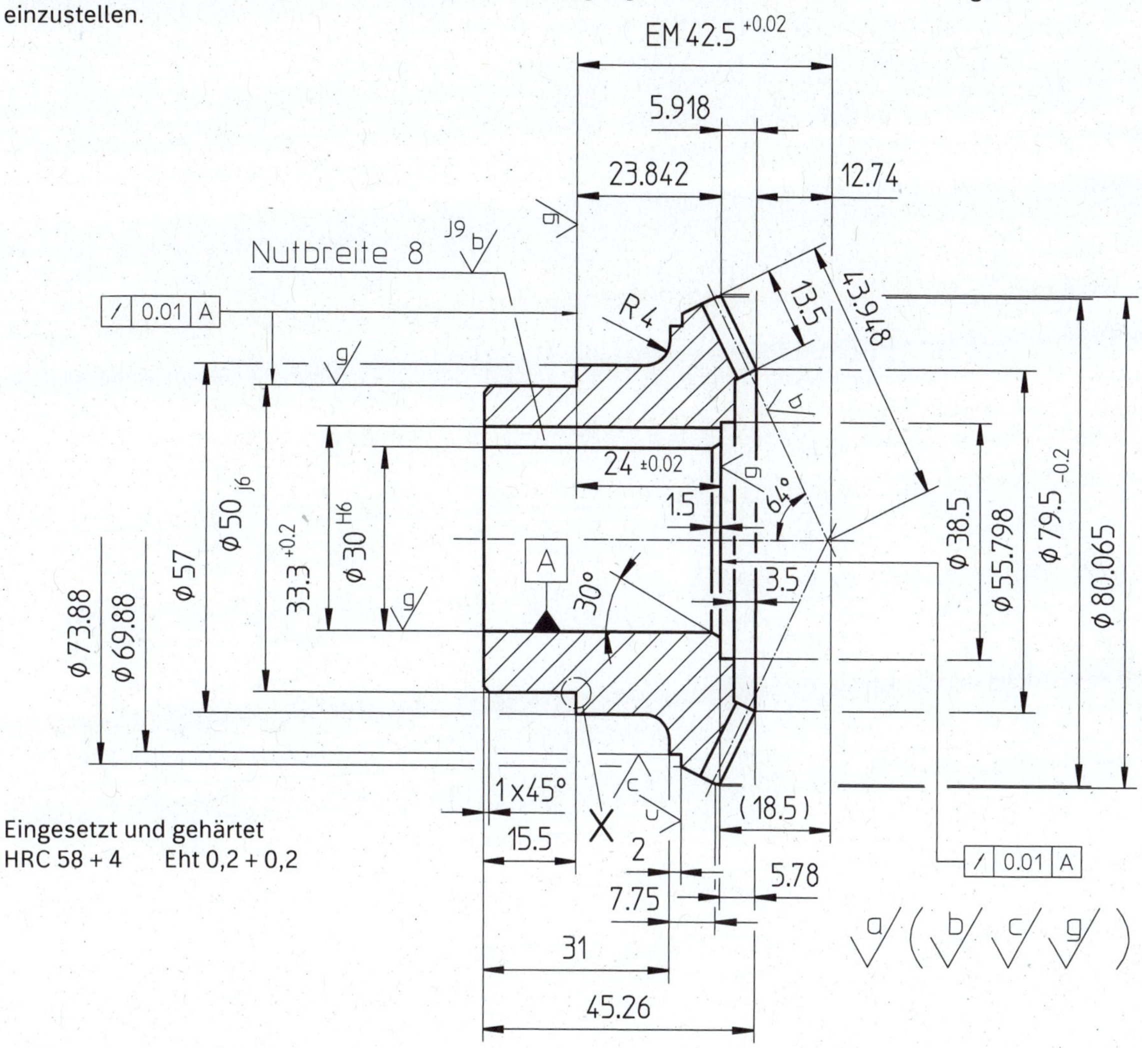

A Aufgaben zum Projekt Tellerrad

① Bestimmen Sie den Werkstoff des Tellerrads, erläutern Sie das Kurzzeichen und begründen Sie, warum dieser Werkstoff für die Herstellung des Tellerrads geeignet ist.

② Erläutern Sie die Angabe auf der Zeichnung: „Eingesetzt und gehärtet."

③ Erläutern Sie die Härteangaben in der Zeichnung des Tellerrads (Pos. 15) HRC 58 + 4 und Eht 0,2 + 0,2.

④ Welche Prüfkörper werden bei folgenden Härteprüfverfahren verwendet?

Brinell HBW

Vickers HV

Rockwell HRC

Rockwell HRB

Martenshärte HM

⑤ Beschreiben Sie das Verfahren der Härteprüfung nach Rockwell C für das Tellerrad mit einer Härte von HRC 58 + 4. Der angestrebte Härtewert liegt bei HRC 60.
Erläutern Sie den Vorgang anhand der Bilder, geben Sie Prüfkräfte an und begründen Sie die Härteangabe.

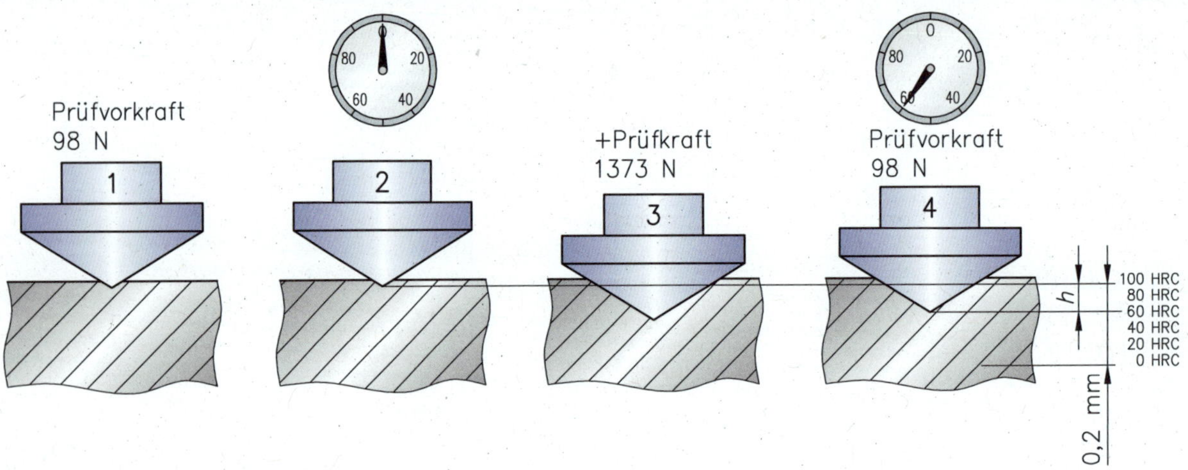

⑥ Berechnen Sie die bleibende Eindringtiefe *h*, wenn die Härte HRC 60 erfüllt ist (Formel siehe Tabellenbuch).

B Durchführung der Maschinenfähigkeitsuntersuchung

Die Prüfung der Maschinenfähigkeit ist eine Kurzzeituntersuchung. In unserem Beispiel wurden die ersten 50 Werkstücke des Projekts Tellerrad einer Härteprüfung unterzogen und die Messwerte in eine Urliste eingetragen.

Urliste Messergebnisse der Maschinenfähigkeitsuntersuchung in HRC

60,5	60,7	60,2	60,6	60,8	60,7	60,5	60,7	60,3	60,4
60,8	60,5	60,5	61,0	60,2	60,4	59,6	60,6	60,8	60,3
60,1	61,3	60,7	60,5	60,7	61,0	60,2	61,0	60,4	60,6
60,7	60,4	61,7	59,9	60,5	60,2	60,6	60,3	60,6	60,9
61,0	60,0	60,8	60,7	61,1	61,2	61,3	59,9	61,3	60,5

① Bestimmen und berechnen Sie den größten und den kleinsten Messwert x_{max} und x_{min}, die Spannweite R und für die Erstellung einer Strichliste die Anzahl der Klassen k und die Klassenweite w (Formeln siehe Tabellenbuch).

② Tragen Sie die Klassengrenzen in die Tabelle ein, erstellen Sie eine Strichliste und berechnen Sie die absolute Häufigkeit n_j, die relative Häufigkeit h_j und die Summenhäufigkeit F_j.

Klassen Nr.	Klassengrenzen ≥ <	Strichliste	Absolute Häufigkeit n_j	Relative Häufigkeit h_j in %	Summen-Häufigkeit F_j in %
1					
2					
3					
4					
5					
6					
7					
		Summe			

C Wahrscheinlichkeitsnetz

① Ermitteln Sie die Schnittpunkte im Wahrscheinlichkeitsnetz aus dem unteren Wert der Klassengrenzen und der Summenhäufigkeit F_j in Prozent aus der Aufgabe B ②.

② Zeichnen Sie die Linie für die Summenhäufigkeit durch die konstruierten Schnittpunkte.

Wahrscheinlichkeitsnetz (Härte: HRC 58 + 4)

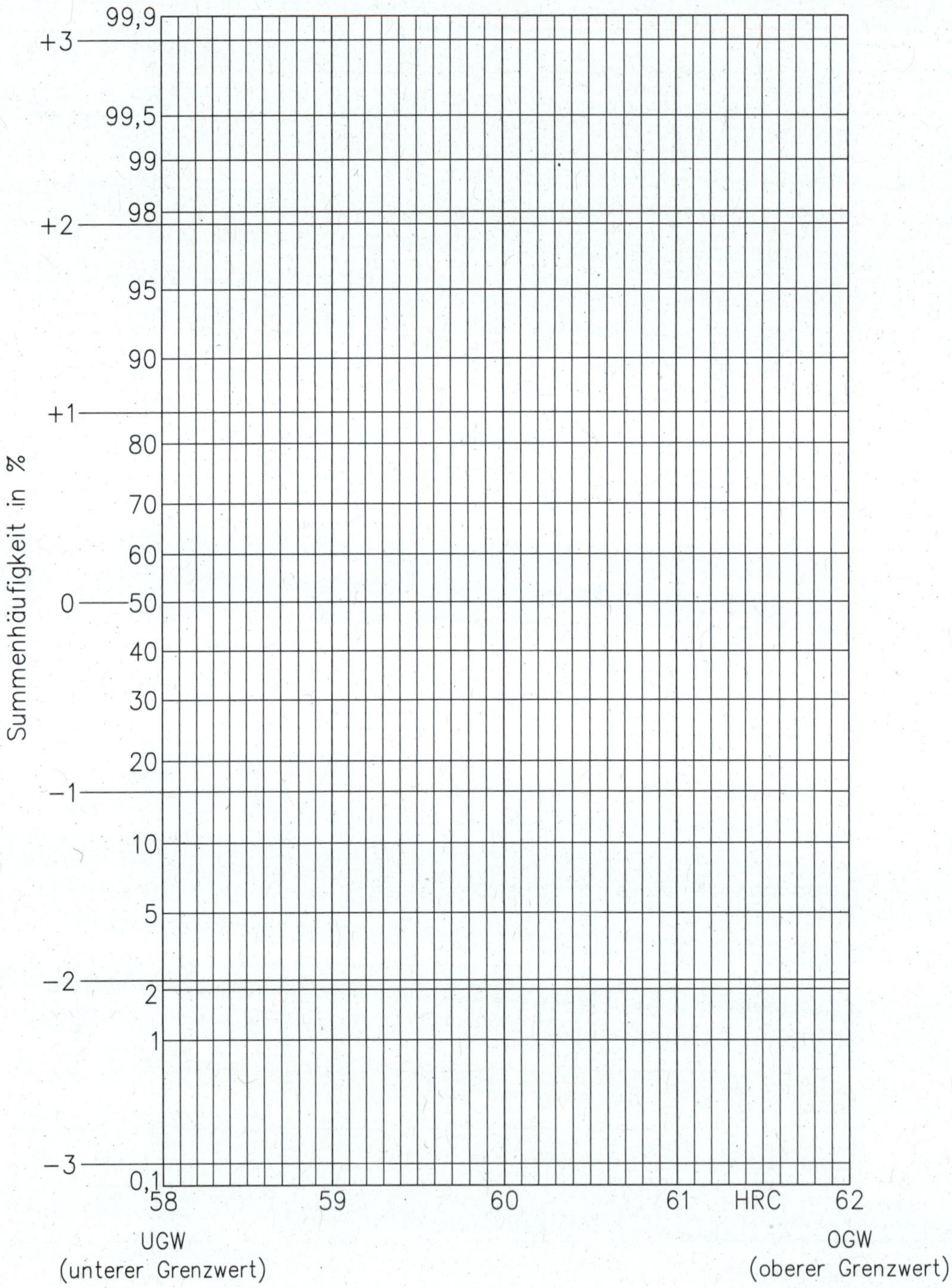

③ Was sagt die konstruierte Linie für die Summenhäufigkeit in einem Wahrscheinlichkeitsnetz aus?

④ Ermitteln Sie aus dem Wahrscheinlichkeitsnetz
- die ungefähren Werte für den arithmetischen Mittelwert $\bar{x}$,
- die Standardabweichung s (z. B. zwischen 0 und +1)
- den Wert für $6 \cdot s$ (zwischen −3 und +3)
- den kleineren Abstand Δ_{krit} vom Mittelwert $\bar{x}$ zu einer Toleranzgrenze.

  Mit aufwendigen Rechnungen können Sie den Mittelwert $\bar{x}$ und die Standardabweichung s auch genau ausrechnen (Formeln siehe Tabellenbuch).

Aus dem Wahrscheinlichkeitsnetz ermittelt:

Mittelwert $\bar{x}$	
Standardabweichung s	
$6 \cdot s$	
Δ_{krit}	

⑤ Berechnen Sie den potentiellen Maschinenfähigkeitsindex C_m („Maschinenfähigkeit nach Streuung der Messwerte") und den kritischen Maschinenfähigkeitsindex C_{mk} („Maschinenfähigkeit nach Lage der Messwerte") und beurteilen Sie, ob die Maschinenfähigkeit für die automatische Härteanlage erfüllt ist, wenn die geforderten Werte mit > 1,67 angegeben sind (Formeln s. Tabellenbuch).

D Histogramm

① Erstellen Sie mit den ermittelten Werten aus der Strichliste (S. 35) ein Histogramm und skizzieren Sie die Kurve für die Verteilung der Häufigkeit ein.

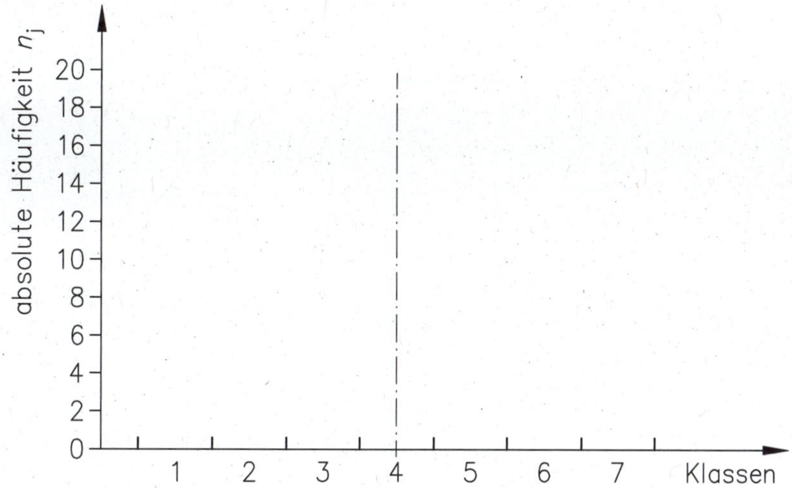

② In der abgebildeten Kurve ist eine optimale Normalverteilung der Messwerte für die Härteprüfung des Tellerrads mit dem Nennwert HRC 58 + 4 dargestellt.
Übertragen Sie Ihre skizzierte Kurve der Häufigkeitsverteilung aus dem Histogramm in das Bild mit der Normalverteilung. Beachten Sie dabei die Lage des Mittelwerts und zeichnen Sie den Wert Δ_{krit} ein.

Δ_{krit} = kleinerer Abstand vom Mittelwert $\bar{x}$ zu einer Toleranzgrenze
$\Delta_{krit} = OGW - \bar{x}$ (wenn $\bar{x}$ näher am OGW liegt)
$\Delta_{krit} = \bar{x} - UGW$ (wenn $\bar{x}$ näher am UGW liegt)

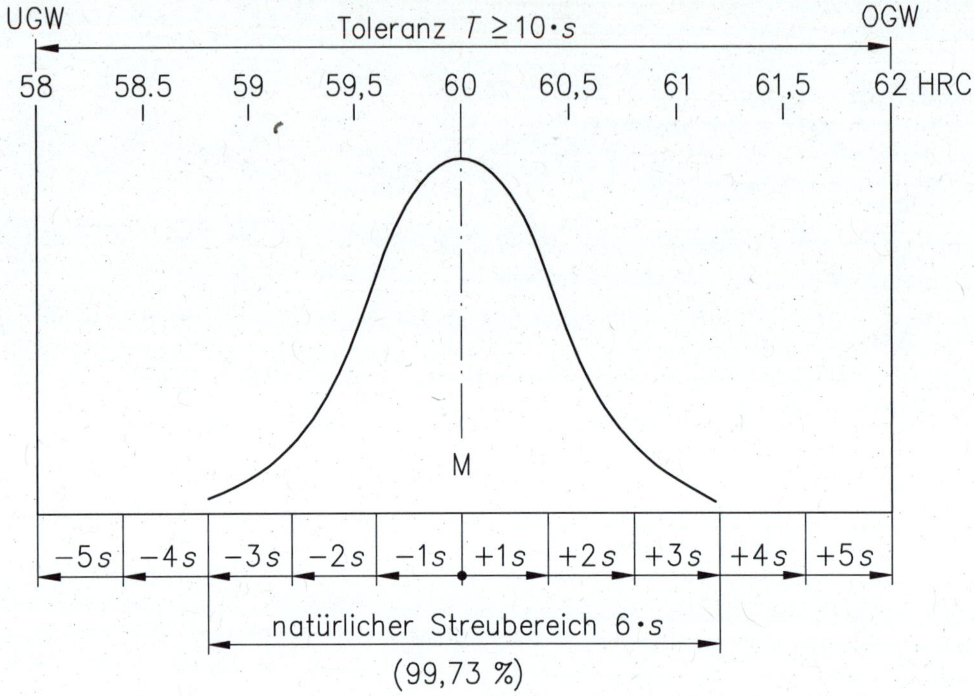

E Bewertung der Maschinenfähigkeit

① Beurteilen Sie abschließend das Härten des Tellerrads in der automatischen Härteanlage.

② Überlegen Sie Möglichkeiten, wie die Forderung nach mehr Zentrierung der Messwerte beim Härten des Tellerrads in der automatischen Härteanlage erfüllt werden kann?

3 Statistische Prozessregelung

A Qualitätsregelkarten

Qualitätsregelkarten wurden für die Kontrolle in der industriellen Fertigung entwickelt. Dabei geht es darum, Werkstücke einer Stichprobe zu unterziehen. Die Daten werden in eine Qualitätsregelkarte eingetragen und ausgewertet. Dabei kann man erkennen, ob der Produktionsprozess noch stabil ist. Sollte er nicht stabil sein, müssen sofortige Korrekturmaßnahmen ergriffen werden, um Ausschussteile zu vermeiden und die Produktivität zu steigern.

① Übersetzen Sie die Abkürzungen in einer Qualitätsregelkarte.

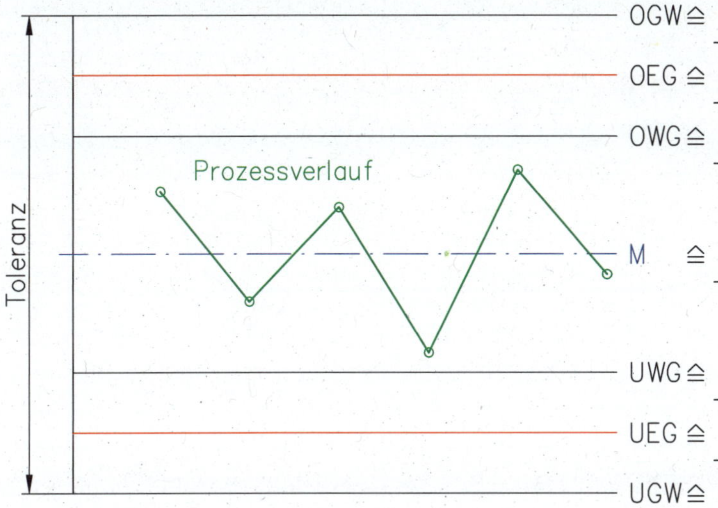

② Wodurch ist der obere und der untere Grenzwert bei einem tolerierten Maß gegeben?

Die obere und die untere **Eingriffsgrenze** liegen bei einer statistischen Sicherheit von 99,73 %, was einer Abweichung von ± 3 s entspricht. Sie kann mit folgenden Formeln berechnet werden:

Bei der Mittelwertkarte (s. S. 43):

$OEG = \bar{\bar{x}} + A_2 \cdot \bar{R}$

$UEG = \bar{\bar{x}} - A_2 \cdot \bar{R}$

Bei der Spannweitenkarte (R-Karte; s. S. 43):

$OEG = D_4 \cdot \bar{R}$

$UEG = D_3 \cdot \bar{R}$

Tabellenwerte

Anzahl der Messwerte pro Stichprobe	A_2	D_3	D_4	d_2
3	1,023	0	2,574	1,693
5	0,577	0	2,114	2,326
7	0,419	0,076	1,924	2,704

Die obere und die untere Warngrenze kann ebenfalls berechnet werden. Sie grenzt den Streubereich von 95,45 % ab (entspricht ± 2 s). Häufig wird auf die Warngrenzen ganz verzichtet.

B Prozessverläufe

Die abgebildete Übersicht zeigt charakteristische Prozessverläufe auf Qualitätsregelkarten, wie sie in der Praxis häufiger vorkommen.

Bewerten Sie die Prozessverläufe und überlegen Sie mögliche Ursachen und Maßnahmen, wie in den Prozess eingegriffen werden soll.

	Bezeichnung	Ursachen, Maßnahmen
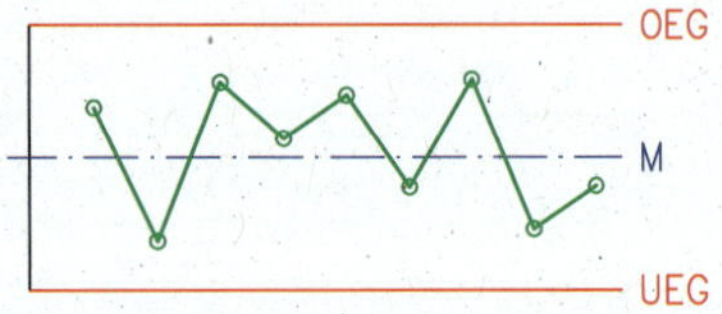	**Natürlicher Verlauf**	
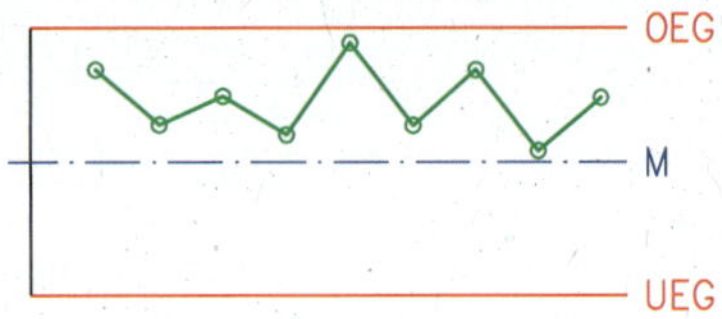	**Run**	
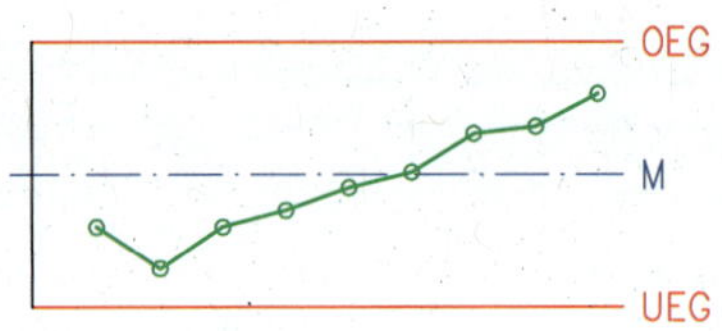	**Trend**	
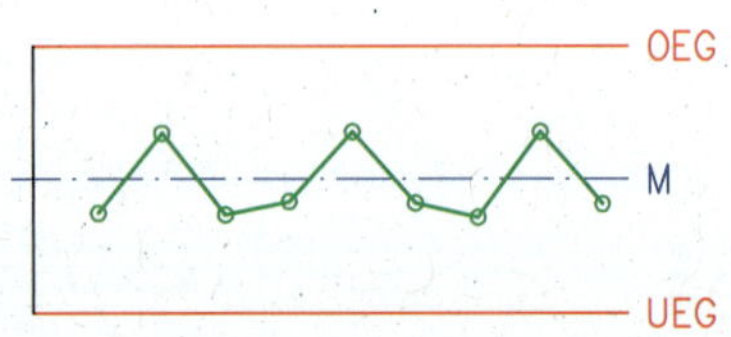	**Middle Third**	
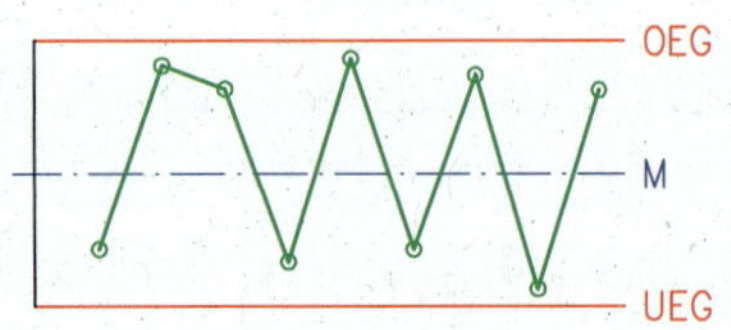	**Middle Third**	
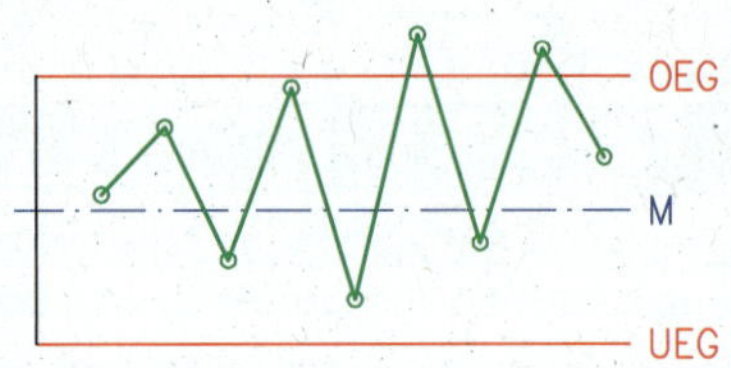	**Ausreißer**	
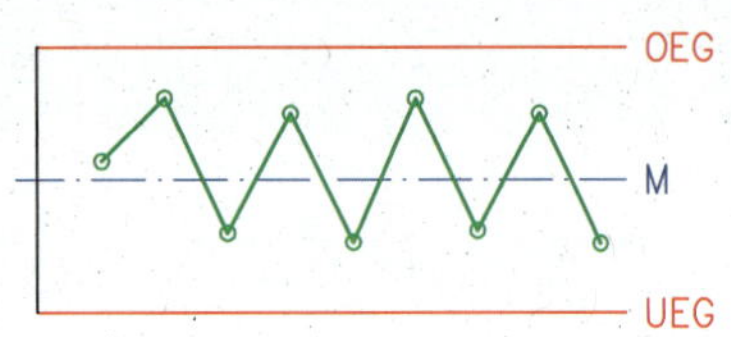	**Periode**	

C Untersuchen der Prozessfähigkeit – Projekt Ritzel

Das abgebildete Ritzel ist im Kegelgetriebe S. 88 Pos. 16 montiert. Es wird in der CNC-Fertigung in Serie gefertigt. Mit Stichproben soll die Fertigung während der Produktion geprüft werden. Spezieller Prüfgegenstand ist der Durchmesser 22j6. Für eine Beurteilung des Prozessverhaltens sind mindestens 25 Stichproben bei fünf Messwerten erforderlich. Aus zeitlichen Gründen beschränken wir unsere Aufgabe auf zehn Stichproben mit jeweils fünf Messwerten (siehe Aufgaben S. 42 E, F).

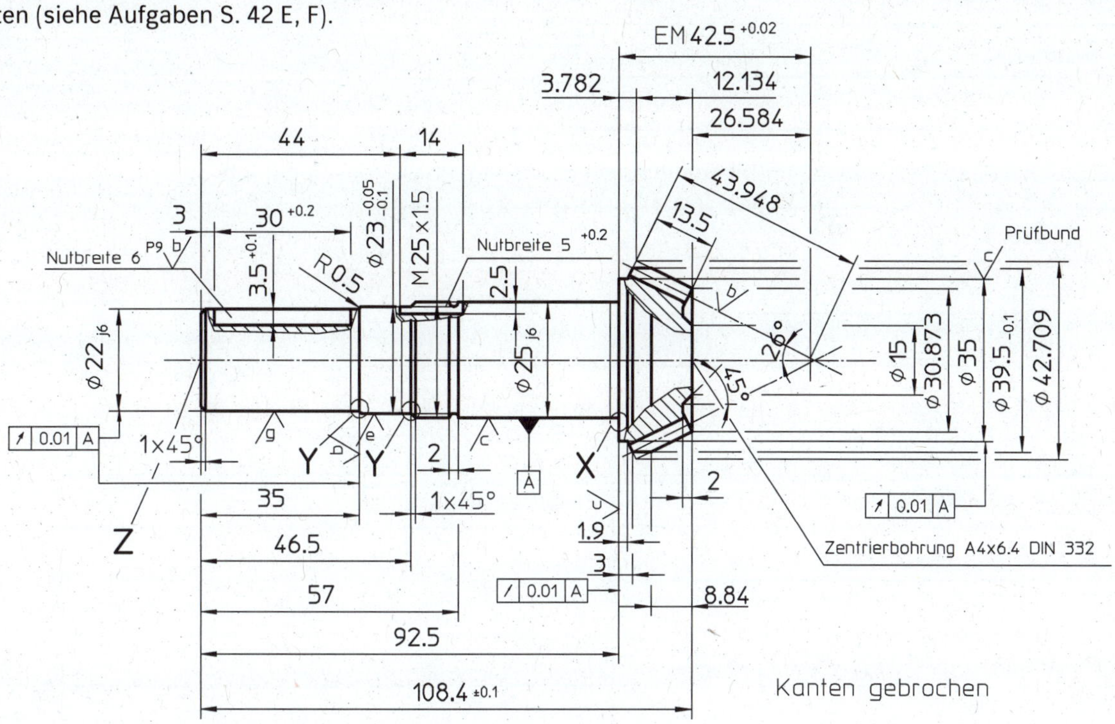

D Ursache-Wirkungs-Diagramm (Ishikawa-Diagramm)

Ergänzen Sie das Ursache-Wirkungs-Diagramm für das Drehen des abgebildeten Ritzels. Tragen Sie die sechs Haupteinflussgrößen in das Diagramm ein: Mensch, Maschine, Milieu, Material, Methode und Messung. Überlegen Sie dann, welche möglichen Fehler beim Drehen des Werkstücks auftreten können, und notieren Sie diese bei den entsprechenden Haupteinflussgrößen.

Ursache **Wirkung**

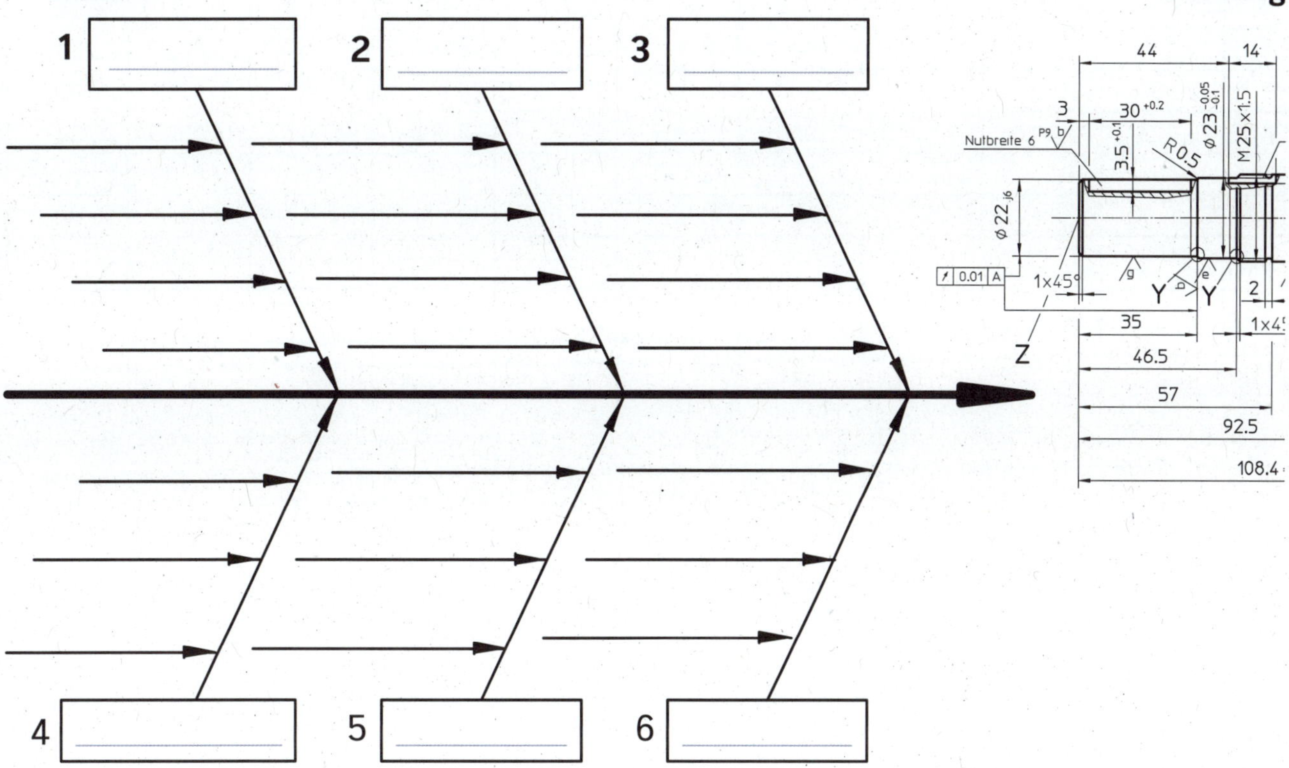

E Aufgaben zum Projekt Ritzel

① Bestimmen Sie Höchst- und Mindestmaß von ⌀ 22j6 und berechnen Sie die Toleranz des Passmaßes.

	22j6
Höchstmaß	
Mindestmaß	
Toleranz	

② Geben Sie geeignete Prüfmittel zum Prüfen der angegebenen Maße und des Rundlaufs des Ritzels (Pos. 16) an.

Durchmesser 22j6	
Nutlänge 30	
Rundlauf 0,01	

③ Beim Prüfen können systematische oder zufällige Messfehler auftreten. Geben Sie Ursachen an, die zu diesen Maßabweichungen führen können.

Systematische Messfehler	**Zufällige Messfehler**

F Durchführung der Prozessfähigkeitsuntersuchung

Urliste der Passmaße 22j6

Messwerte **Anzahl der Stichproben**

Nr.	**1**	**2**	**3**	**4**	**5**	**6**	**7**	**8**	**9**	**10**
X_1	22,004	22,002	22,001	22,004	22,005	22,003	22,002	22,003	22,001	22,002
X_2	22,002	22,004	22,002	22,003	22,001	22,004	22,005	22,000	22,002	22,003
X_3	22,002	22,003	21,999	22,004	22,002	22,003	22,003	22,001	22,003	22.004
X_4	22,003	21,999	22,003	22,002	22,003	22,001	22,004	22,002	22,003	22,002
X_5	22,001	22,004	22,000	22,002	22,000	22,002	22,001	21,999	22,000	22,003
	6 Uhr	7 Uhr	8 Uhr	9 Uhr	10 Uhr	11 Uhr	12 Uhr	13 Uhr	14 Uhr	15 Uhr
Σx										
$\bar{x}$										
R										

① Addieren Sie die fünf Messwerte der einzelnen Stichproben zu einer Gesamtsumme Σx pro Stichprobe. Berechnen Sie die Mittelwerte $\bar{x}$ und die Spannweite R jeder Stichprobe. Tragen Sie die Werte in die Tabelle ein.

② Berechnen Sie den Gesamtmittelwert $\bar{\bar{x}}$ aller Mittelwerte $\bar{x}$ und die mittlere Spannweite $\bar{R}$.

G Mittelwertkarte

① Tragen Sie den oberen und den unteren Grenzwert und die Toleranzmitte in die Mittelwertkarte ein. Berechnen Sie die obere und die untere Eingriffsgrenze für die Mittelwertkarte (siehe Formeln S. 39) und zeichnen Sie die Linien in die Mittelwertkarte ein.

② Tragen Sie die berechneten arithmetischen Mittelwerte $\bar{x}$ (vgl. Aufgabe F) in die Mittelwertkarte ein und verbinden Sie die Punkte des Prozessverlaufs.

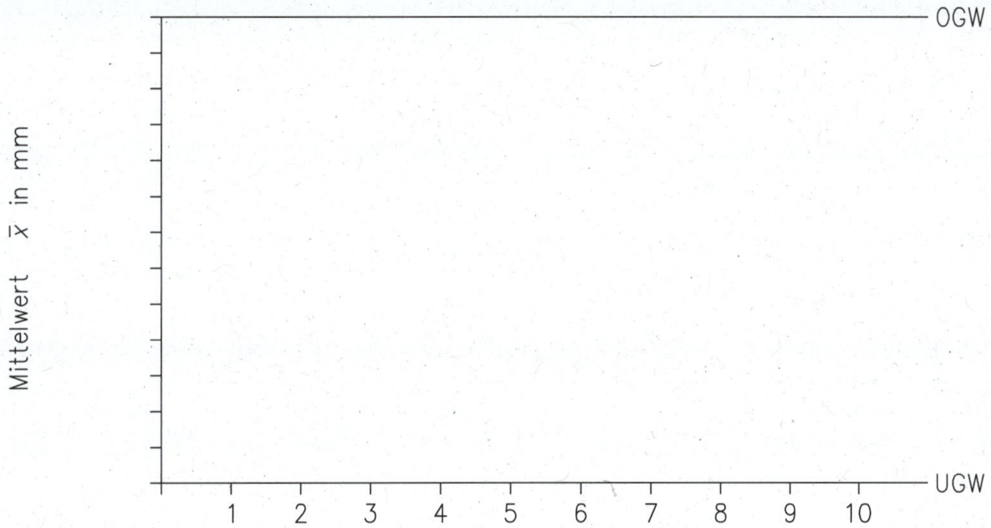

H Spannweitenkarte (R-Karte)

① Berechnen Sie die obere und die untere Eingriffsgrenze für die Spannweiten (siehe Formeln S. 39) und tragen diese in die Spannweitenkarte ein.

② Zeichnen Sie die mittlere Spannweite $\bar{R}$ (vgl. Aufgabe F) in die Spannweitenkarte ein. Tragen Sie dann die Spannweiten R ein und verbinden Sie die Punkte des Prozessverlaufs.

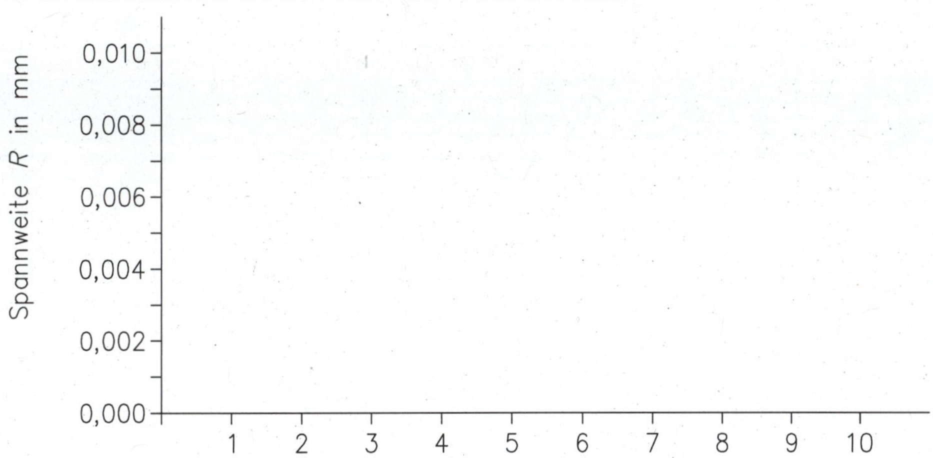

③ Bewerten Sie die Prozessverläufe in der Mittelwertkarte und in der Spannweitenkarte für das Projekt Ritzel.

④ Was kann aus einer Spannweitenkarte erkannt werden?

I Ermittlung der Prozessfähigkeit

① Berechnen Sie die geschätzte Standardabweichung $\hat{\sigma}$ und die Prozessfähigkeitskennwerte C_p und C_{pk} (Formeln s. Tabellenbuch).

② Beurteilen Sie die Prozessfähigkeit für die CNC-Fertigung bezogen auf den Durchmesser 22j6 am Projekt Ritzel.

③ Entnehmen Sie für die Erstellung eines Histogramms aus der Urliste für das Projekt Ritzel (S. 42) die Spannweiten R. Berechnen Sie die Anzahl der Klassen k und die Klassenweite w. Tragen Sie die Ergebnisse in die Tabelle ein und bestimmen Sie die absolute Häufigkeit n_j (Formeln siehe Tabellenbuch).

Klassen Nr.	Klassengrenzen ≥ <	Strichliste	Absolute Häufigkeit n_j
			$\sum n_j$

④ Erstellen Sie das Histogramm und skizzieren Sie die Verteilungskurve.

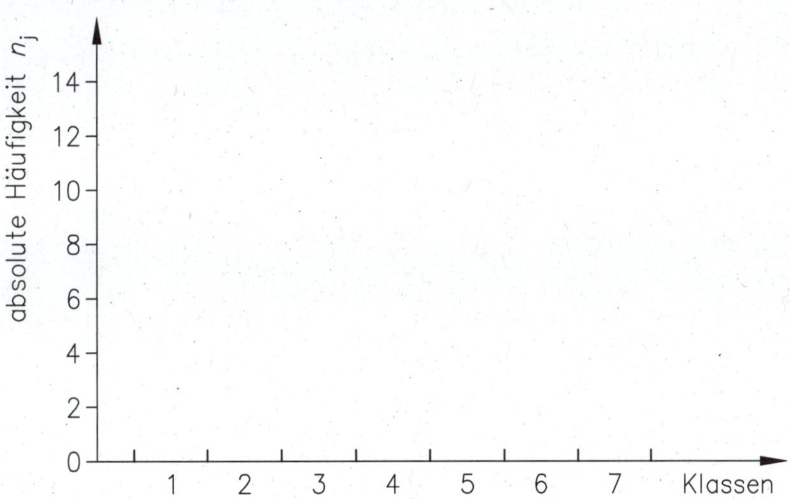

J Bewertung von Prozessen

① Bewerten Sie die abgebildeten Prozesse. Beachten Sie dabei die Streuung sowie die Lage und geben Sie mögliche Verbesserungen an.

C_p ≙ Prozessstreubreite C_{pk} ≙ Lage des Prozessmittelwerts

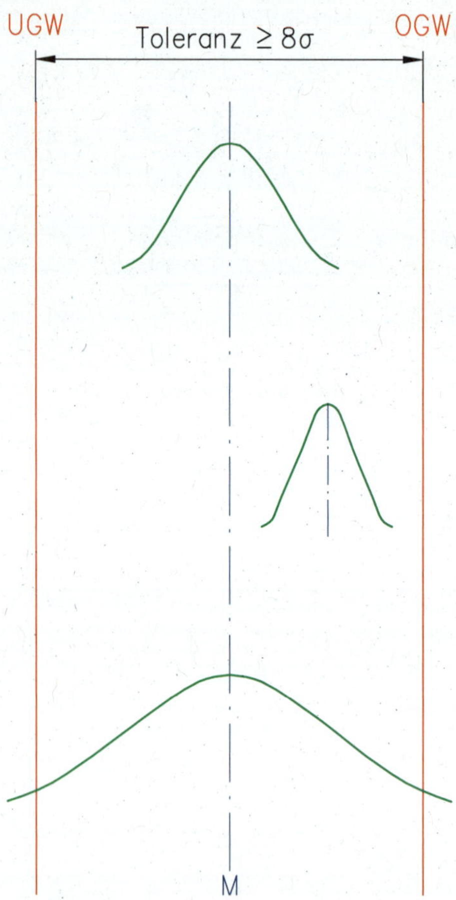

$C_p \geq 1{,}33$ $C_{pk} \geq 1{,}33$	
$C_p \geq 1{,}33$ $C_{pk} < 1$	
$C_p < 1$ $C_{pk} \geq 1{,}33$	

② Worin liegt der Unterschied zwischen der Maschinenfähigkeit und der Prozessfähigkeit?

Maschinenfähigkeit:

Prozessfähigkeit:

A Zum Wortverständnis

Die Begriffe „Industrie 4.0" – ebenso 1.0, 2.0 und 3.0 – kommen aus der Computersprache und bezeichnen Abschnitte in der technisch/industriellen Entwicklung der Neuzeit und Gegenwart, eng verbunden mit Erfindung und Einsatz neuer Maschinen und Arbeitsverfahren. Andere Bezeichnungen dafür sind auch: erste industrielle Revolution, zweite industrielle Revolution, usw.

Ergänzen Sie von ihren Geschichtskenntnissen her die folgende Skizze.

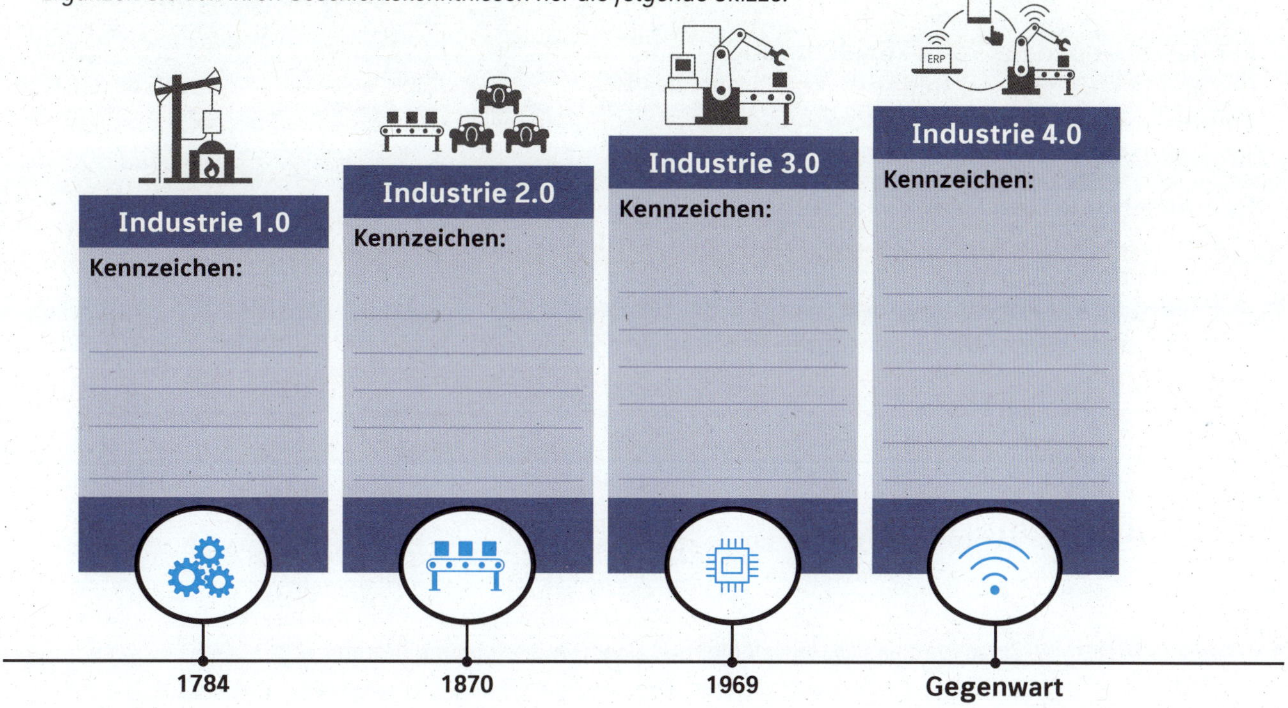

Die Übergänge zwischen den einzelnen technisch/industriellen Epochen sind fließend!

B Industrie 4.0

① *Was ist die leitende Idee bei Industrie 4.0?*

Unterstreichen Sie farbig entscheidende Aussagen in folgendem Text.

Im Produktionsprozess ist alles digital miteinander vernetzt – von der betriebswirtschaftlichen Abwicklung bis zur kompletten Produktion: Kundenauftrag, spezielle Kundenwünsche, Materialbeschaffung, Organisation der technisch/maschinellen Reihenfolge, Organisation des Qualitätsmanagements, Organisation der Arbeitsabläufe, Organisation der zugelieferten Komponenten, Organisation der Auslieferung und Zahlungsmodalitäten (und vieles andere mehr).

Kurz: Der gesamte Herstellungsprozess vom Kundenauftrag bis zur Auslieferung ist digital vernetzt und kontrolliert möglichst ohne menschliches Eingreifen (humanfrei).

② *Warum kann der Mensch - obwohl fehlerhaft und teuer – bei Industrie 4.0 nicht ganz ausgeschaltet werden?*

Problemstellung:

Trotz sorgfältiger Planung und Überwachung des Fertigungsprozesses mit QM-Systemen gibt es in der Praxis keine konstanten Qualitätsergebnisse. Ursache dafür sind am Fertigungsprozess beteiligte Einflüsse.

Für das abgebildete Spiralkegelgetriebe (siehe auch S. 88) sind folgende Reklamationen eingegangen:

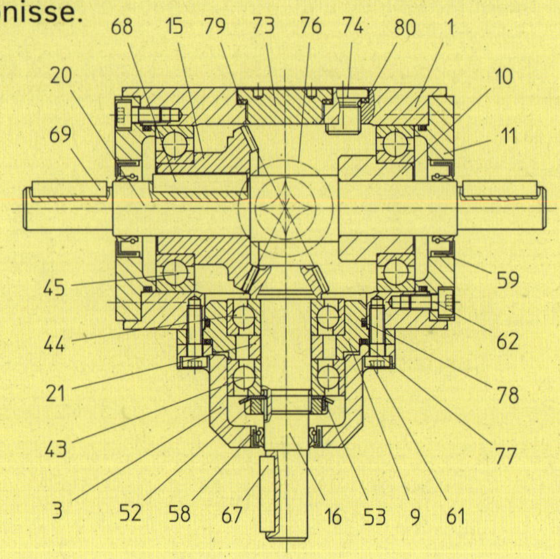

Reklamationen mit Gewährleistung:
- Getriebe mit falscher Übersetzung ausgeliefert
- Bruch eines Zahns am Ritzel (Pos.16)
- Ölverlust am Radialwellendichtring (Pos. 58)
- Vorzeitiger Verschleiß der Kugellager (Pos. 45)
- Schrauben locker
- Sonstiges

Statistische Fehlerauswertung

A Reklamationen

① Nennen Sie Gründe, die in der Regel zu einer Ablehnung der Gewährleistung führen:

Bei Verschleiß von Bauteilen: ______________________

____

____

____

Bei Ölaustritt: ______________________

____

② Reklamationen und Fehler mit Gewährleistung werden einer Fehlermöglichkeitsanalyse unterzogen. Das Ziel ist Qualitätsverbesserung und Reduzierung von Fehlern. Die Analyse erfolgt mit grafischen Werkzeugen: Histogramm (vgl. S. 37), Ursache-Wirkungs-Diagramm (Ishikawa-Diagramm; vgl. S. 41) oder Paretodiagramm (vgl. S. 49). Berechnen Sie für die Reklamationen mit Gewährleistung beim Spiralkegelgetriebe die relative Häufigkeit in % und die Gesamtkosten.

Fehlerart	Anzahl	Relative Häufigkeit in %	Kosten pro Fehler in €	Gesamtkosten in €
Auslieferung falsch	3	______	145,-	______
Bruch eines Zahns am Ritzel (Pos. 16)	2	______	312,-	______
Ölverlust am RWDR (Pos. 58)	12	______	93,-	______
Vorzeitiger Verschleiß Kugellager (Pos. 45)	5	______	262,-	______
Schrauben locker	7	______	57,-	______
Sonstiges	6	______	45,-	______
Summe	______	______		______

B Paretodiagramm

Ein Paretodiagramm ist ein Säulendiagramm, bei dem die einzelnen Werte der Größe nach geordnet dargestellt werden. Dadurch werden die wichtigsten Ursachen eines Problems sehr schnell erkannt. Der größte Wert findet sich im Diagramm ganz links und der kleinste Wert ganz rechts. Ausnahme: Wenn „Sonstiges" vorhanden ist, wird dieses immer ganz rechts angeordnet. Ein Paretodiagramm kann nach der Fehlerhäufigkeit oder nach den entstandenen Kosten geordnet sein.

① Erstellen Sie für die Reklamationen beim Kegelgetriebe ein Paretodiagramm, geordnet nach der Fehlerhäufigkeit.

② Zeichnen Sie die Summenkurve für die Fehlerhäufigkeit in % ein.

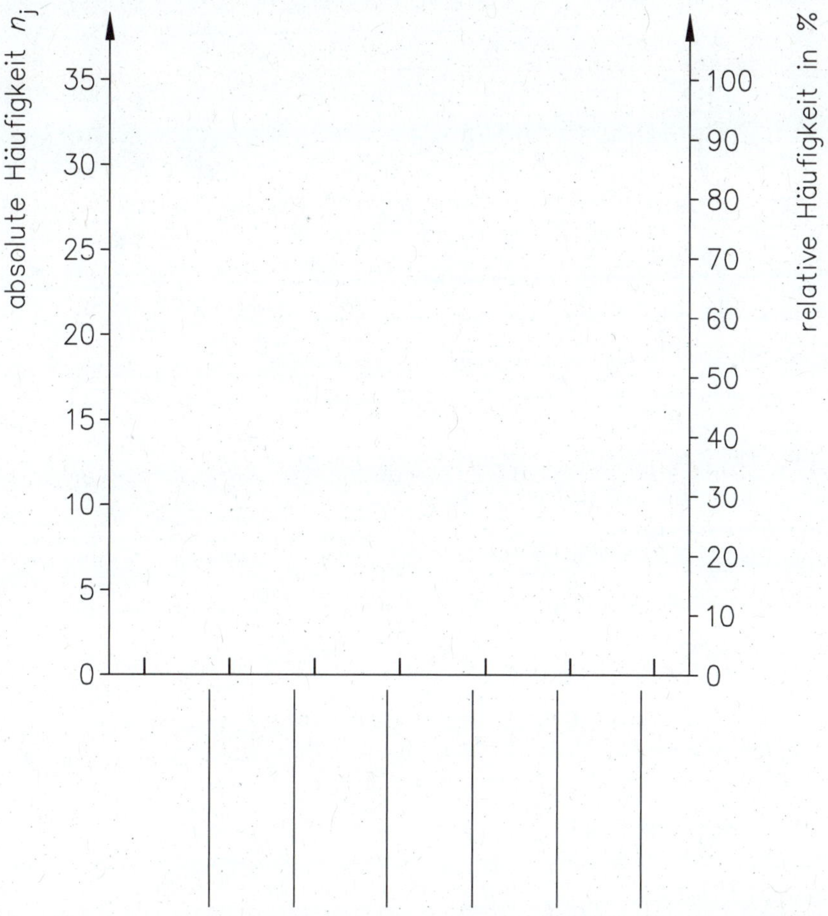

③ Überlegen Sie das weitere Vorgehen, um diese Reklamationen zu reduzieren und damit die Qualität zu verbessern.

Fehlerart	Analysen und Verbesserungen
Auslieferung falsch	
Bruch eines Zahns am Ritzel (Pos. 16)	
Ölverlust am RWDR (Pos. 58)	
Vorzeitiger Verschleiß Kugellager (Pos. 45)	
Schrauben locker	

An der Qualitätsverbesserung und an der Reduzierung von Fehlerquellen können und sollen sich auch die Mitarbeiter beteiligen. Dazu gibt es in den meisten Firmen das betriebliche Vorschlagswesen.

Auftrag: Das Spiralkegelgetriebe (vgl. S. 88/89) wurde nach 9000 Betriebsstunden ausgebaut.
Warten und inspizieren Sie es gemäß Betriebsanleitung.

Informieren/orientieren Sie sich, indem Sie ...

- den Zweck und die verschiedenen Arten von Getrieben kennenlernen,
- verschiedene Zahnradgetriebe vergleichen,
- durch einfache Berechnungen die Gesetzmäßigeiten von Getrieben erfahren,
- die Aufgaben, den Aufbau und die verschiedenen Arten von Lagern herausfinden,
- die Belastungen der Lager bestimmen und berechnen,
- sich Kenntnisse über die Aufgaben, Eigenschaften und Materialien von Dichtungen aneignen,
- die Wartungs- und Inspektionsanleitung in den Maschinendokumenten nachlesen,
- sich mit den Umweltschutz- und Sicherheitsvorschriften vertraut machen.

Planen/entscheiden Sie, indem Sie ...

- die Art der Reinigung und Reinigungsmittel festlegen,
- die erforderlichen Schmierstoffe bereitstellen,
- alle Ersatzteile bereithalten,
- für die geeigneten Prüfmittel sorgen,
- die fachgerechte Entsorgung anfallender Stoffe sicherstellen,
- die notwendigen Werkzeuge und Vorrichtungen beschaffen,
- einen Arbeitsplan erstellen.

Führen Sie Wartung und Inspektion durch, indem Sie ...

- das Getriebe reinigen,
- das Öl ablassen und überprüfen,
- Altöl und Reinigungsmittel in die entsprechenden Sammelbehälter geben,
- das Getriebe demontieren,
- die Einzelteile reinigen und auf Verschleiß prüfen,
- das Getriebe mit den Ersatzteilen wieder montieren,
- Spiel und Tragbild der Verzahnung einstellen,
- Öl auffüllen.

Kontrollieren Sie, indem Sie ...

- prüfen, ob alle Teile richtig montiert sind,
- die Funktionsfähigkeit aller Komponenten feststellen,
- nachschauen, ob die eingefüllte Ölmenge korrekt ist,
- die Dichtheit des Getriebes feststellen.

Bewerten und dokumentieren Sie, indem Sie ...

- ein Wartungs- und Inspektionsprotokoll anfertigen,
- bei aufgetretenen Verschleißerscheinungen deren Ursache bestimmen,
- den Gesamtzustand des Getriebes beurteilen,
- das momentane Instandhaltungskonzept kritisch überdenken,
- in einer Präsentation Ihre gewonnenen Erkenntnisse weitergeben.

Information

A Zahnräder im Spiralkegelgetriebe

① Welche Aufgaben haben Getriebe in Werkzeugmaschinen?

② Nach welchen Merkmalen werden mechanische Getriebe unterteilt?

③ Welche Merkmale unterscheiden einen Kegelradtrieb (Kegelrad + Tellerrad) von einem Stirnradtrieb (vgl. S. 8/9)?

④ Bogenverzahnte Kegelräder können als Hypoidverzahnung oder Palloidverzahnung ausgeführt sein.
a) Welcher Unterschied der beiden Verzahnungsarten ist an den Bildern erkennbar?

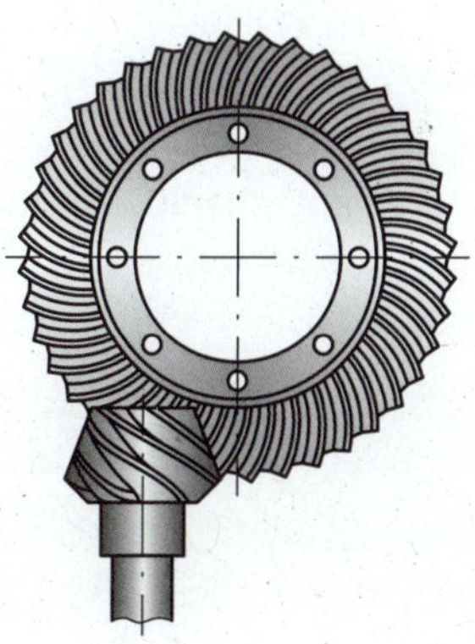

Hypoidverzahnung

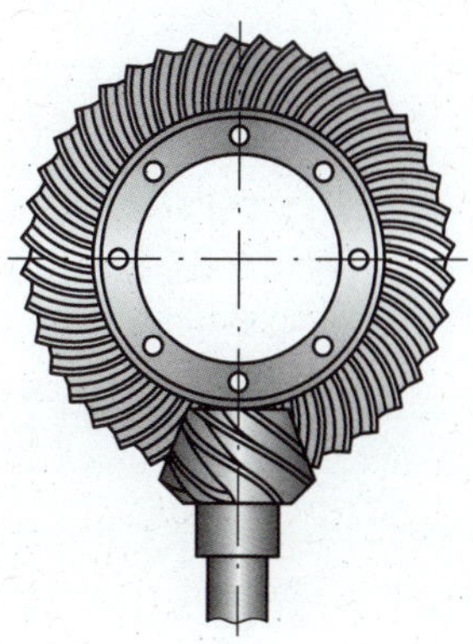

Palloidverzahnung

b) Welche Verzahnungsart hat ein Spiralkegelgetriebe?

c) Beurteilen Sie die beiden Verzahnungsarten bezüglich Laufruhe und Verschleiß.

B Lager und Lagerkräfte im Spiralkegelgetriebe

① Geben Sie für die beiden Lager der Abtriebswelle (Pos. 20) die normgerechte Bezeichnung an und ermitteln Sie deren Innendurchmesser, Außendurchmesser und Breite.
Ordnen Sie den Laufringen die jeweilige Belastungsart (Punkt-/Umfangslast) zu.

② Für die Lagerung des Ritzels (Pos. 16) werden Schrägkugellager DIN 628 – 7205 B verwendet.

a) Welche Vorteile haben Schrägkugellager gegenüber Rillenkugellagern?

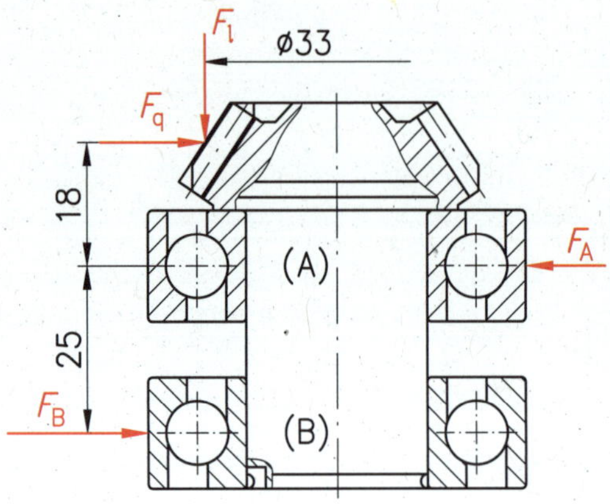

b) Wodurch ergeben sich beim Lauf des Getriebes die Längskraft F_l und die Querkraft F_q?

c) Bei einem Einsatz des Getriebes ergab sich eine Längskraft F_l von 1,2 kN und eine Querkraft F_q von 7,5 kN. Berechnen Sie die Lagerkräfte F_A und F_B und geben Sie an, welches Lager als Axiallager dient und die Längskraft aufnimmt?

C Warten und Inspizieren des Spiralkegelgetriebes

Betriebsanleitung des Herstellers (Auszug)

1. Allgemeines
2. Transport
3. Lagerung
4. Inbetriebnahme
5. Betriebsbedingungen
6. Wartung
7. Sicherheitsvorkehrungen
8. EG-Konformitätserklärung

Spiralkegelgetriebe
Baureihe: Standard — Typ/Baugröße: 01
n_1 max = 1000 min^{-1} — Ölfüllung: ....
M_1 max = 125 Nm — Ölsorte: CLP 68
Baujahr: .... Nr. ......
Einbaulage horizontal

1. Allgemeine Hinweise

Die Betriebsanleitung dient der bestimmungsgerechten Nutzung des Getriebes unter Beachtung geltender Vorschriften und Sicherheitsbestimmungen.

...

5. Betriebsbedingungen

Die maximal zulässige Drehzahl „n_1 max", das maximal zulässige Drehmoment „M_1 max" und die Einbaulage des Getriebes sind dem Typenschild zu entnehmen. Das drehzahlbezogene zulässige Drehmoment „M_2 eff" ist dem mitgelieferten Dokument „Leistungsdaten der Spiralkegelgetriebe" zu entnehmen. Keiner dieser Werte darf überschritten werden. Die Umgebungstemperatur liegt im Bereich zwischen –20 °C und +40 °C. Das Getriebe darf nicht der direkten Sonneneinstrahlung oder anderen Strahlenquellen ausgesetzt sein. Auf ungehinderten Luftzug in der direkten Getriebeumgebung ist zu achten (keine Verkleidung!). Maße und weitere technische Details sind dem Katalog „Tandler Spiralkegelgetriebe" zu entnehmen.

6. Wartung

Der Ölstand (Mitte Ölschauglas) ist wöchentlich zu kontrollieren. Die Höhe des Ölstands darf nicht mehr als 4 mm von der Ölschauglasmitte (nach oben oder unten) abweichen. Der Schmierstoff ist alle 4 500 Betriebsstunden zu wechseln. Der Schmierstofftyp ist dem Typenschild zu entnehmen. Das Altöl ist entsprechend den gesetzlichen Bestimmungen zu entsorgen. Die Wälzlager und Radialwellendichtringe (siehe Stückliste) sind alle 9 000 Betriebsstunden zu wechseln. Die anderen Bauteile (z. B. Zahnräder, Passfeder, Wellen) sind einer visuellen Kontrolle auf eventuelle Schäden zu unterziehen. Beschädigte Bauteile müssen ausgetauscht werden. Alle gelösten Schraubverbindungen sind bei Wiedermontage mit Flüssigklebstoff (Schraubensicherung) gegen Losdrehen zu sichern. Nach jedem Abnehmen von Gehäuseteilen sind die betreffenden O-Ringe gegen neue auszutauschen. Als Ersatzteile dürfen nur von uns gelieferte Originalteile verwendet werden. Für nicht von uns gelieferte Teile übernehmen wir keine Gewährleistung und keine Haftung für daraus resultierende Schäden. Wir empfehlen den Austausch der genannten Ersatzteile durch Tandler-Servicepersonal. Durch regelmäßige Reinigung ist die Bildung einer Staubschicht > 5 mm auf allen Getriebeteilen zu unterbinden. Auf ungewöhnliche Geräuschbildung während des Betriebs ist zu achten. Gegebenenfalls ist der Antrieb stillzusetzen.

...

Einbau eines Palloid-Kegelradsatzes mithilfe des Tragbilds

So muss die Palloid-Verzahnung beim Einbau tragen:	So trägt sie dann im Betrieb unter Belastung:
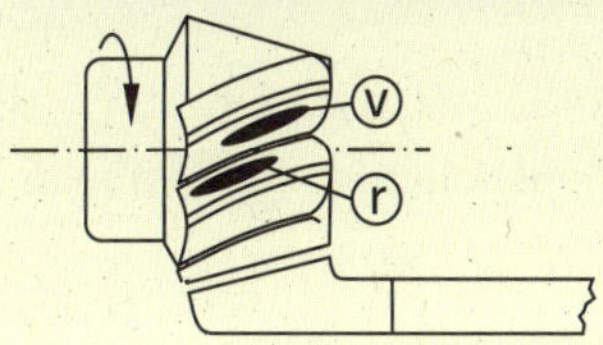	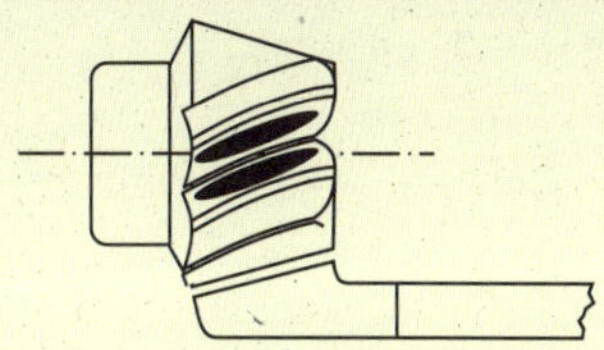

Alle obigen Angaben beziehen sich auf das treibende Kegelrad, wobei (v) = Vorwärtsflanke und (r) = Rückwärtsflanke sein soll.

Wie verfährt man, wenn sich beim Einbau folgendes Tragbild ergibt?	Man macht Folgendes:	Dann muss sich das normale Einbaubild (siehe oben) ergeben.
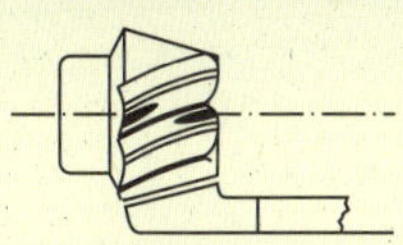	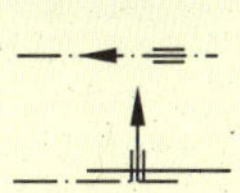	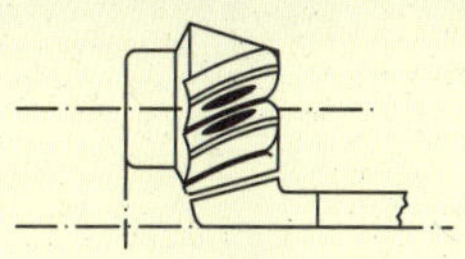
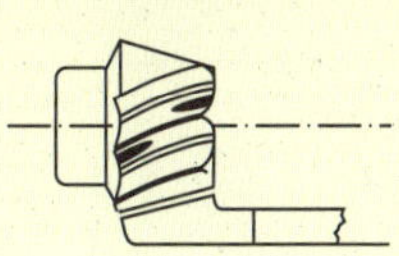	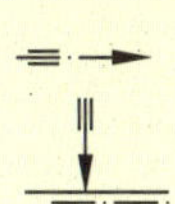	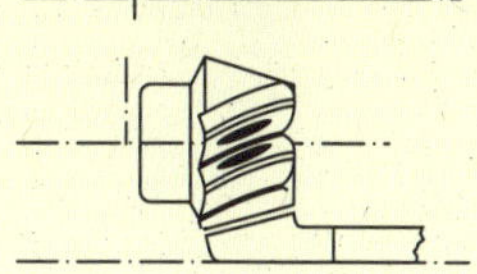

① Welchen Zweck hat die Betriebsanleitung?

② Welche wichtigen Einschränkungen für die Verwendung dieses Getriebes stehen in den „Betriebsbedingungen"?

③ Nennen Sie alle Wartungs-/Inspektionsarbeiten, die durchzuführen sind.

④ Listen Sie alle Ersatzteile und deren normgerechte Bezeichnung auf.

Pos.-Nr.	Bezeichnung	Menge

⑤ Weshalb sind Getriebe regelmäßig zu reinigen und was fordert die Betriebsanleitung für das Spiralkegelgetriebe?

⑥ Wofür stehen bei Radialwellendichtringen die Angaben **AS** und **NBR**?

Planung

① Erstellen Sie den Arbeitsplan für die Montage der Baugruppe mit dem Ritzel (Pos. 16) und zum Einbau der Wälzlager (Pos. 43 und 44). (Siehe Projektaufgabe S. 92, Nr. 11)

② Das Spiel an den Zahnflanken soll 0,05 mm betragen. Welche Möglichkeit gibt es, das Zahnspiel bei der Montage des Getriebes zu prüfen?

③ Welche Folgen sind zu erwarten, wenn das Tragbild der Verzahnung nicht stimmt?

④ Wie kann das ideale Tragbild erreicht werden und welche Maßnahmen sind ggf. erforderlich?

⑤ Welche Informationen stehen in diesem Teil der englischsprachigen Betriebsanleitung?

The selection of lubricants and their degree of viscosity were made taking into account the design, circumferential speed, backlash of the teeth and operating temperature of the gearboxes.
Grease Lubrication 0 up to 1.5 m/sec circumferential speed of spiral bevel gear wheel.
Source of supply: Aralub FDP 00 (www.aral-lubricants.de)
Splash Lubrication Up to 14 m/sec circumferential speed of spiral bevel gear wheel.
Source of supply: Aral Degol BG 68 (www.aral-lubricants.com)

⑥ Überprüfen Sie, ob das angegebene Getriebeöl Aral Degol BG 68 die CLP-Anforderung erfüllt.

⑦ Das Getriebe soll mit neuem Öl aufgefüllt werden.

Öl- und Fettmengen der Getriebe/*Oil- and Grease quantities for the gearboxes*			
Typ/*Type*	**Ölmenge/*Oil quantity***		**Fettmenge/*Grease quantity***
	***i* = 1 : 1**	***i* ≷ 1 : 1**	***i* = 1 : 1 + *i* ≷ 1 : 1**
	Liter/*litre*	**Liter/*litre***	**kg**
00	0,10	0,10	0,20
01	0,25	0,25	0,45
A1	0,60	0,60	1,00
B1	0,75	1,10	1,60
C1	1,50	2,25	3,00
D1	3,00	4,50	6,00
E1	8,00	11,00	15,00
F1	13,00	23,00	19,00

a) Welche Ölmenge ist aufgrund der Betriebsanleitung (vgl. S. 53) und der Tabelle bereitzustellen?

b) Wie kann die richtige Ölmenge im Getriebe nach Betriebsanleitung kontrolliert werden?

Ausführung

Führen Sie die Arbeiten fachmännisch aus.

Kontrolle

Listen Sie die nötigen Kontrollen auf.

Bewertung/Dokumentation/Präsentation

Dokumentieren Sie Ihre Arbeiten, Ergebnisse und Bewertungen. Suchen Sie mögliche Schäden und Ursachen für Verschleißerscheinungen. Erstellen Sie eine Präsentation und geben Sie Ihre Erfahrungen und Kenntnisse weiter.

Problemstellung:

Ottomotoren haben zur Ventilsteuerung Nockenwellen. Die Nocken darauf müssen äußerst verschleißfest, d. h. hart sein. Wenn sie sich abnutzen, arbeiten die Ventile nicht mehr exakt und die Motorleistung lässt immer mehr nach.

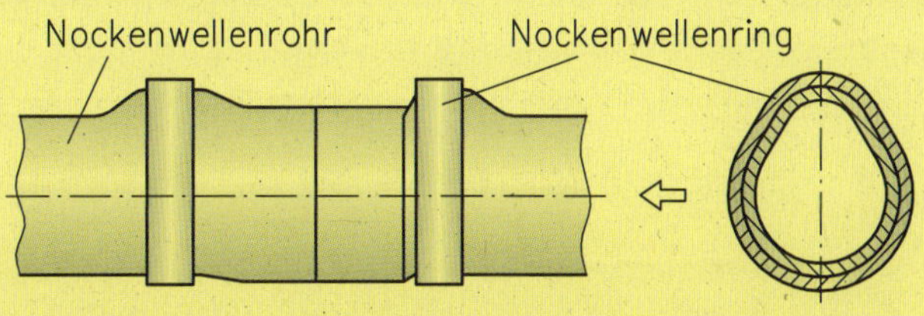

Beim Hydro-Forming-Verfahren bringt ein Industrieroboter vorher durchgehärtete Nockenringe auf ein Nockenwellenrohr auf, das dann unter einem Druck von 5500/500 bar aufgeweitet wird, sodass die Nockenringe festsitzen.
Beim Härten der Nockenringe kann es vorkommen, dass die verlangte Härte nicht ganz erreicht wird. Im Interesse einer stetigen Qualität der Produkte muss der Autohersteller solche Mängel jedoch ausschließen. Wie kann er dies erreichen?

Werkstoffprüfverfahren

A Ziele und Einteilung der Prüfverfahren

① Welche Rückschlüsse auf Werkstoffe können mithilfe von Werkstoffprüfungen gemacht werden? Nennen Sie beispielhaft einige Möglichkeiten.

② Welche drei großen Gruppen kann man bei den Verfahren der Werkstoffprüfung unterscheiden? Nennen Sie für jede Gruppe ein Beispiel. Wodurch ist die jeweilige Gruppe charakterisiert?

Werkstoffprüfungen

Beispiel:	**Beispiel:**	**Beispiel:**
Besonderheit:	**Besonderheit:**	**Besonderheit:**

B Härteprüfungen

① Was versteht man unter Härte im technologischen Sinn?

② Bei den verschiedenen Härteprüfverfahren werden unterschiedliche Prüfkörper verwendet.
a) Welche Form haben die jeweiligen Prüfkörper?
b) Aus welchem Werkstoff bestehen die jeweiligen Prüfkörper?
c) Wie bezeichnet man das jeweilige Prüfverfahren?

	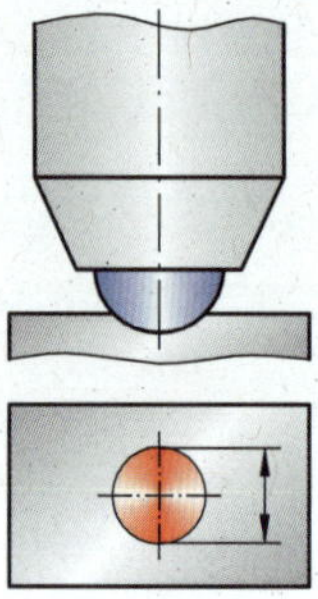 Eindruck	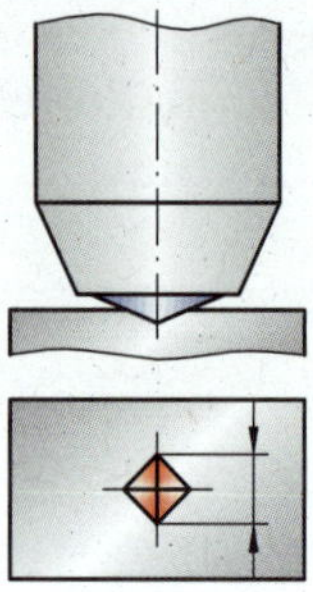 Eindruck	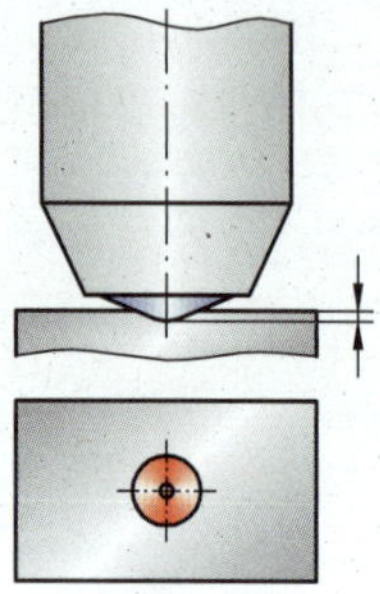 Eindruck	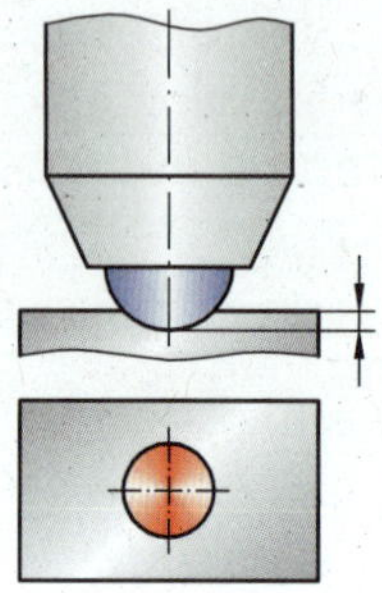 Eindruck
a				
b				
c		1. 2.		

③ Was wird bei dem einzelnen Prüfverfahren am Eindruck des Werkstücks gemessen? Welche Werkstoffe werden mit den einzelnen Verfahren geprüft?

Verfahren	Messung am Eindruck	Art des geprüften Werkstoffs
Brinell		
Vickers		
Rockwell A (HRA) Rockwell C (HRC)		
Rockwell B (HRB) Rockwell F (HRF)		
Martenshärte		

④ Die von der Härteprüfmaschine ermittelten Eindrücke werden in Tabellen „übersetzt“. Was bedeuten die folgenden Kurzzeichen in der Härtenormung? (Tabellenbuch!)

114 HBS 5/250/30	
380 HBW 10/3000	
650 HV 5	
210 HV 50/30	
64 HRC	
52 HRB	
HM 0,5/20/20 = 5 700 N/mm²	Der Zahlenwert für die Martenshärte errechnet sich nach der Formel $HM = \frac{F}{26{,}43 \cdot h^2}$ · (h entspricht der Eindringtiefe.)

C Zugversuch

① Beim Zugversuch DIN EN ISO 6892-1 wird eine Probe gleichmäßig und stoßfrei bis zum Bruch gezogen. Die aufgewendete Kraft und die Dehnung werden gemessen und als Spannungs-Dehnungs-Diagramm aufgezeichnet.

a) Tragen Sie die Formelzeichen in die Zeichnungen der abgebildeten Rund- und Flachprobe ein.

b) Bestimmen Sie die Maße für einen **kurzen** Proportionalstab Rundprobe ø 8 mm und Flachprobe 20 mm x 2 mm.

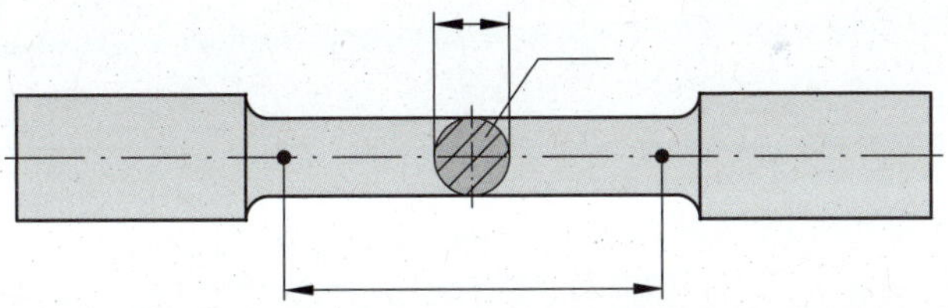

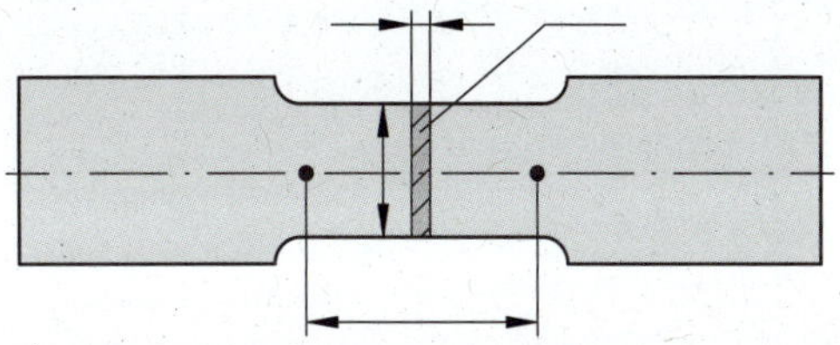

Proportionalstab

kurz $L_o = 5 \cdot d_o$

lang $L_o = 10 \cdot d_o$

Rundprobe

d_o =

S_o =

L_o =

Flachprobe

$L_o = 5{,}65 \cdot \sqrt{S_o}$

$L_o = 11{,}3 \cdot \sqrt{S_o}$

a_o =

b_o =

S_o =

L_o =

② Welche Eigenschaften eines Werkstoffs soll der Zugversuch in erster Linie ermitteln?

③ Wenn Stahl auf Zug beansprucht wird, dehnt er sich. Größe und Art der Dehnung hängen zusammen mit der Spannung (≙ Belastung in N/mm²), unter der der Stahl steht. Bei weichem Stahl ergibt die zeichnerische Darstellung des Verhältnisses von Spannung und Dehnung eine charakteristische Kurve:

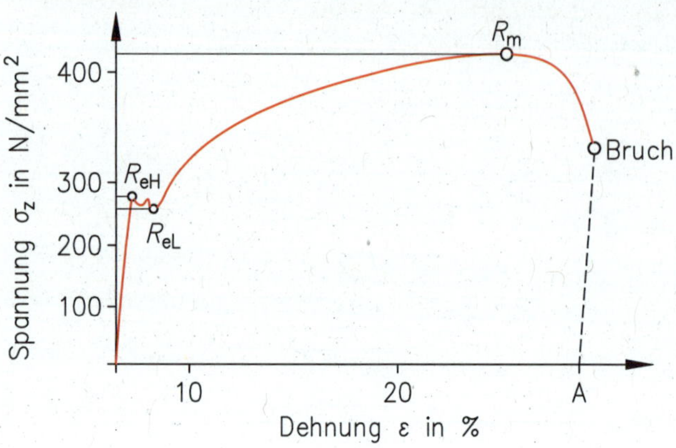

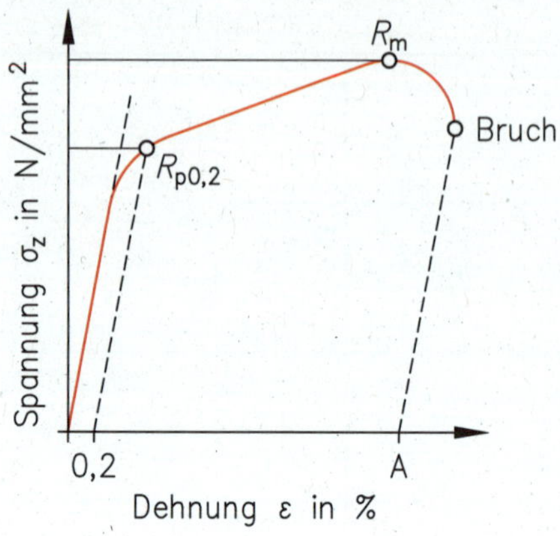

④ Wie bezeichnet man die Punkte R_{eH}, R_{eL}, R_m, A und $R_{p0,2}$? Welches Verhalten zeigt der Stahl an diesen Punkten?

	Bezeichnung	**Beschreibung des Verhalten des Stahls**
R_{eH} R_{eL}		
R_m		
A		
$R_{p0,2}$		

⑤ Die Abbildung zeigt Spannungs-Dehnungs-Diagramme verschiedener Werkstoffe.

a) Überlegen Sie, welche Kurve zu welchem der unten aufgeführten Werkstoffe gehört, und tragen Sie die Nummern in die Kreise ein.

b) Welcher Werkstoffgruppe gehören die Werkstoffe aufgrund der gegebenen Kurzzeichen an?

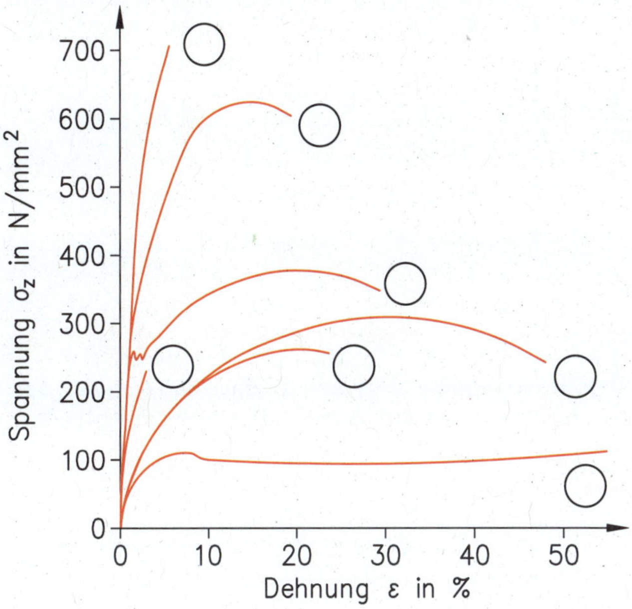

Nr.	Kurzzeichen	Werkstoffgruppe
1	S235JR	
2	C45	
3	90MnCrV8	
4	CuSn3	
5	EN-GJL-200	
6	AlMg5	
7	Polystyrol	

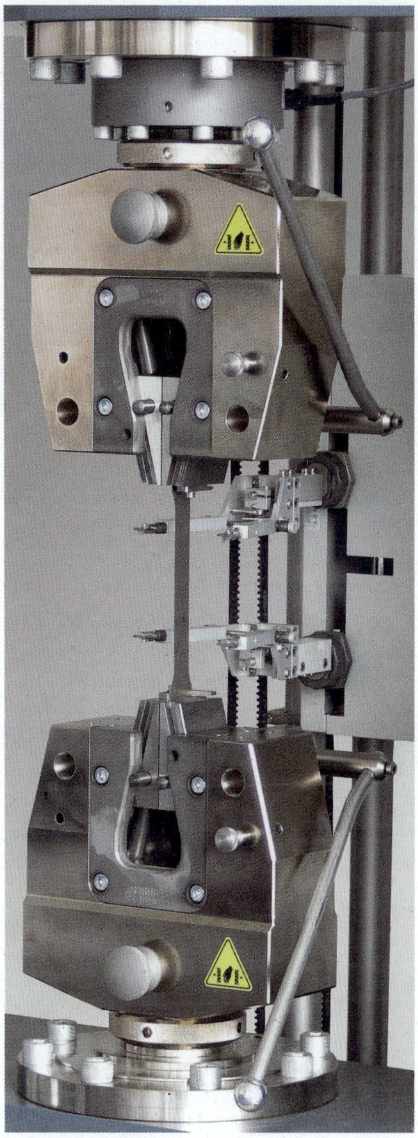

Universal-Prüfmaschine

⑥ Was bedeuten beim Zugversuch die Formelzeichen L_0, L_u und ΔL?

Probestab vor dem Versuch

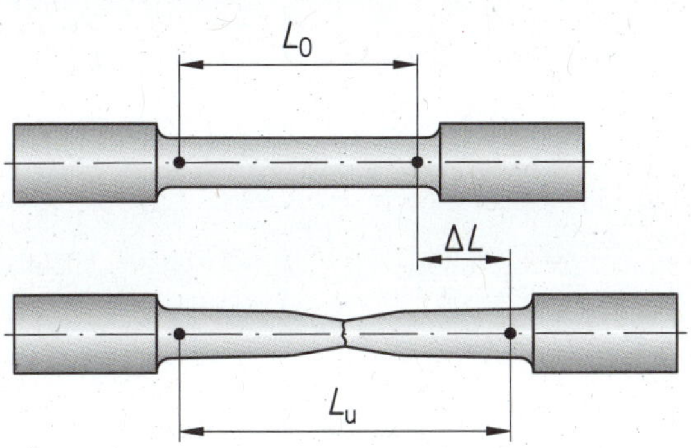

Probestab nach dem Versuch

L_0 =

L_u =

ΔL =

Berechnungen zum Zugversuch

① Schreiben Sie die Formeln zur Berechnung der Zugfestigkeit und der Bruchdehnung mit den entsprechenden Formelzeichen.

$$\text{Zugfestigkeit} = \frac{\text{größte Zugkraft}}{\text{Anfangsquerschnitt}}$$

$$\text{Bruchdehnung} = \frac{\text{Verlängerung}}{\text{Anfangsmesslänge}} \cdot 100\,\%$$

② An einer Universalprüfmaschine wird eine Zugprobe vorgenommen. Der Durchmesser des Prüfstabs aus Stahl beträgt 15 mm. Bei der Streckung des Prüfstabs (Fließen des Materials) zeigt die Prüfmaschine eine Zugkraft von 90 kN an, bei seiner Einschnürung 120 kN. Berechnen Sie die Streckgrenze und die Zugfestigkeit des Stahls.

③ Der Prüfstab mit Durchmesser 15 mm hat vor dem Zugversuch eine Länge von 160 mm, beim Bruch eine Länge von 182 mm. Berechnen Sie die Dehnung bis zum Bruch (Bruchdehnung) in %.

D Kerbschlagbiegeversuch

Pendelschlagwerk

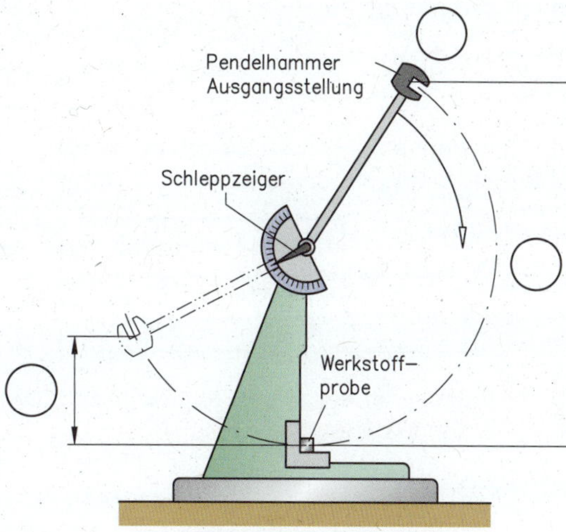

Pendelschlagwerk (Skizze)

① Beschreiben Sie den Kerbschlag-Biegeversuch mit dem Pendelschlagwerk.

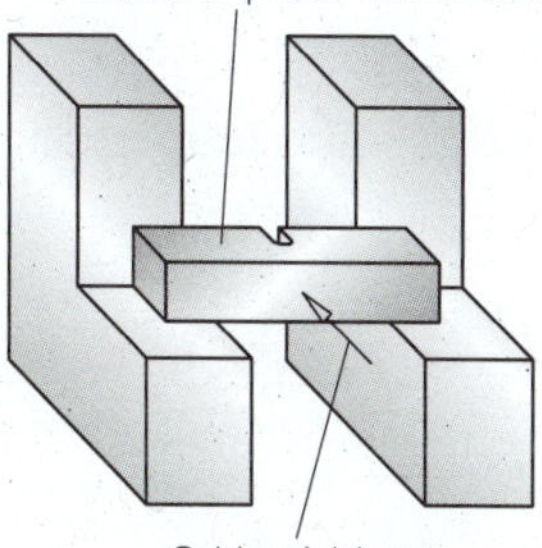

② Erläutern Sie die Formel der Kerbschlagarbeit und ergänzen Sie in der Skizze des Pendelschlagwerks die Formelzeichen.

$$K = F_G \cdot (h_1 - h_2)$$

K Kerbschlagarbeit in Joule (1 J ≙ 1 Nm)

F_G

h_1

h_2

③ Was kann am Schleppzeiger oder an der elektronischen Anzeige abgelesen werden?

④ Welche Werkstoffeigenschaft wird im Kerbschlagbiegeversuch ermittelt?

⑤ Welche Möglichkeiten gibt es in der Werkstatt, um die Kerbschlagarbeit bzw. Zähigkeit eines Werkstücks aus Stahl zu erhöhen? Wodurch wird sie reduziert?

Erhöhung der Kerbschlagarbeit	Reduzierung der Kerbschlagarbeit

E Zerstörungsfreie Prüfungen

① Was kann mit zerstörungsfreien Prüfungen ermittelt werden?

② **Prüfen mit Röntgenstrahlen und Gammastrahlen**
Welche Materialdicken können Röntgen- und Gammastrahlen durchdringen?

	Röntgenstrahlen	Gammastrahlen
Stahl	______ mm	______ mm

Was ist beim Umgang mit Röntgen- und Gammastrahlen besonders zu beachten?

③ **Ultraschallverfahren**

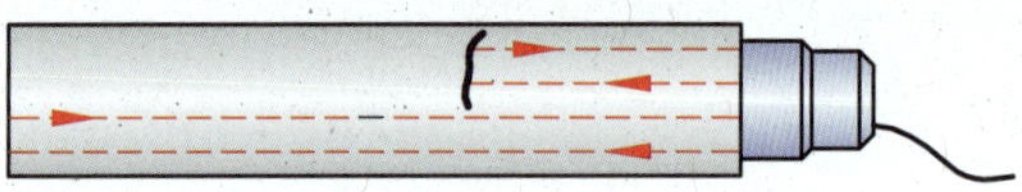

Wie geht das Ultraschallverfahren vor sich?

④ **Magnetpulververfahren**

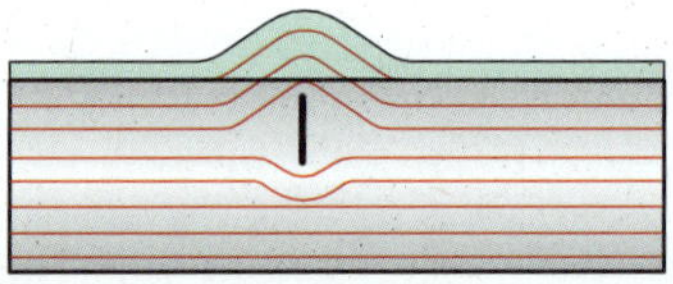

Wie geht das Magnetpulververfahren vor sich?

⑤ **Eindringverfahren (Kapillarverfahren, Penetrierverfahren)**
Die Verfahrensschritte des Eindringverfahrens sind im Folgenden durcheinandergeraten. Bringen Sie diese in die richtige Reihenfolge von ① ... ⑥.

- ◯ Das Werkstück wird vom roten Farbstoff gereinigt.
- ◯ Das Werkstück wird mit rotem Farbstoff besprüht.
- ◯ Das Werkstück wird mit weißem Farbstoff besprüht.
- ◯ Der rote Farbstoff dringt in eventuell vorhandene Risse ein.
- ◯ Der weiße Farbstoff zieht eventuell vorhandenen roten Farbstoff aus den Rissen.
- ◯ Eventuell vorhandene Risse werden auf der weißen Oberfläche sichtbar.

Welchen Nachteil bei der Erkennung von Werkstofffehlern hat dieses Prüfverfahren?

Auftrag: Nehmen Sie die hydraulische Hebeeinrichtung (s. Zeichnung unten) in Betrieb und überprüfen Sie die beschriebenen Leistungsmerkmale und die Betriebssicherheit der Anlage.

Informieren/orientieren Sie sich, indem Sie ...
- die einzelnen Bauteile bestimmen und deren Funktionsweise kennenlernen,
- die Funktionsweise eines Hydraulikaggregats klären,
- den Zusammenhang zwischen Druck und Kolbenkraft herausfinden,
- ermitteln, wovon die Kolbengeschwindigkeit abhängt,
- Pumpenkennlinien vergleichen,
- die Bedienungsanleitung der Anlage lesen,
- Sicherheitsbestimmungen der Anlage nachlesen,
- sich mit den vorhandenen Messgeräten vertraut machen.

Planen/entscheiden Sie, indem Sie ...
- Kriterien festlegen, mit denen beurteilt werden kann, ob die beschriebenen Leistungen erfüllt werden,
- die Messungen beschreiben,
- festlegen, welche Berechnungen durchzuführen sind,
- sich ggf. in die Belegungsliste für die Anlage eintragen.

Führen Sie aus, indem Sie ...
- einen normgerechten Schaltplan zeichnen,
- die erforderlichen Messgeräte anschließen,
- die Anlage in Betrieb nehmen,
- den Pumpenförderstrom bei verschiedenen Drücken messen,
- die Pumpenkennlinie zeichnen,
- die zu erwartende Kolbengeschwindigkeit berechnen,
- die mittlere Kolbengeschwindigkeit messen,
- den notwendigen Druck berechnen,
- den erforderlichen Druck messen,
- den Wirkungsgrad des Hydrozylinders und die maximale Hubkraft berechnen.

Kontrollieren Sie, indem Sie ...
- berechnete und gemessene Werte vergleichen,
- mögliche Abweichungen begründen,
- aus den Ergebnissen der Überprüfungen Schlüsse ziehen,
- auf etwaige Mängel der Hebeeinrichtung hinweisen.

Bewerten und dokumentieren/präsentieren Sie, indem Sie ...
- die gesamte Lernsituation kritisch überdenken,
- organisatorische Verbesserungen suchen,
- geeignete Medien auswählen und einen Vortrag ausarbeiten.

Information

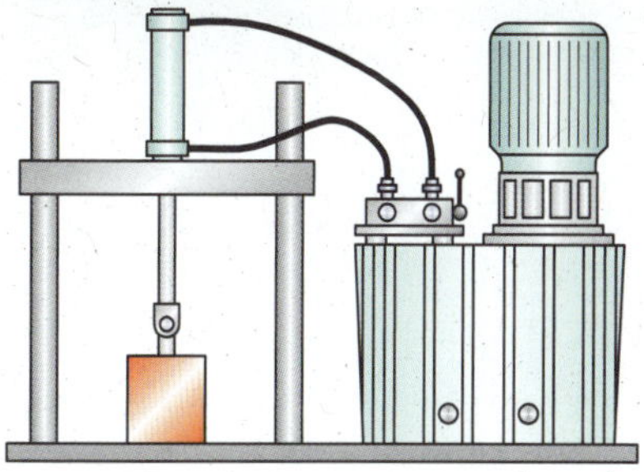

Hydraulische Hebeeinrichtung

Leistungsbeschreibung:

Die Hebeeinrichtung arbeitet mit einem doppelt wirkenden Zylinder (16/10/400). Sie kann Lasten bis maximal 10 kg mit einer Geschwindigkeit von 30 m/min heben. Die Hydropumpe hat ein Verdrängungsvolumen von 2,8 cm^3. Sie wird von einem Elektromotor mit 1 420 1/min angetrieben.
Das Hydraulikaggregat liefert einen konstanten Volumenstrom von 4 l/min. Der eingestellte Arbeitsdruck beträgt 40 bar.
Die Daten entsprechen einer bestimmten Anlage. Sollten Sie an Ihrer Schule über eine andere hydraulische Anlage verfügen, können Sie die oben angegebenen Daten anpassen.

A Komponenten einer Hydraulikanlage

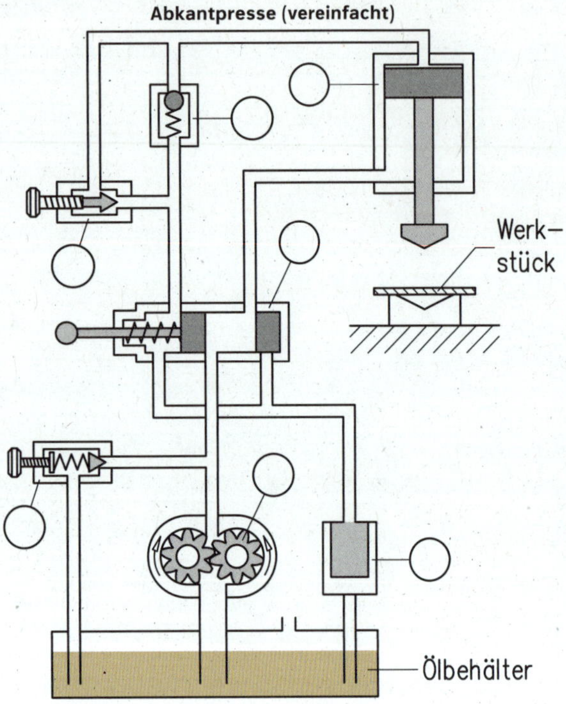

① Kennzeichnen Sie den Teil der Anlage farbig, der unter Druck steht.

② Die einzelnen Bauelemente der abgebildeten hydraulischen Anlage erfüllen bestimmte Aufgaben. Tragen Sie die Ziffern der Aufgabenbeschreibungen bei den entsprechenden Bauelementen ein.

① Ölpumpe (Druckerzeuger)
② Dieses Ventil schützt die Anlage vor einer Drucküberlastung.
③ Dieses Ventil steuert Beginn, Ende und Richtung des Ölstroms.
④ Dieses Ventil begrenzt die Menge des durchfließenden Ölstroms.
⑤ Dieses Ventil lässt den Ölstrom nur in einer Richtung durchfließen und sperrt ihn in der anderen Richtung.
⑥ In diesem Bauteil wird die Energie des Öldrucks umgewandelt in mechanische Arbeit.
⑦ Ölfilter

Welche genaueren Bezeichnungen tragen die Bauelemente?

① ______________________ ④ ______________________

② ______________________ ⑤ ______________________

③ ______________________ ⑥ ______________________

B Hydropumpen

① Was versteht man unter dem Verdrängungsvolumen einer Pumpe?

____

____

② Wodurch unterscheiden sich Konstantpumpen von Verstellpumpen?

____

③ Benennen Sie jede dargestellte Pumpe mit der fachgerechten Bezeichnung.

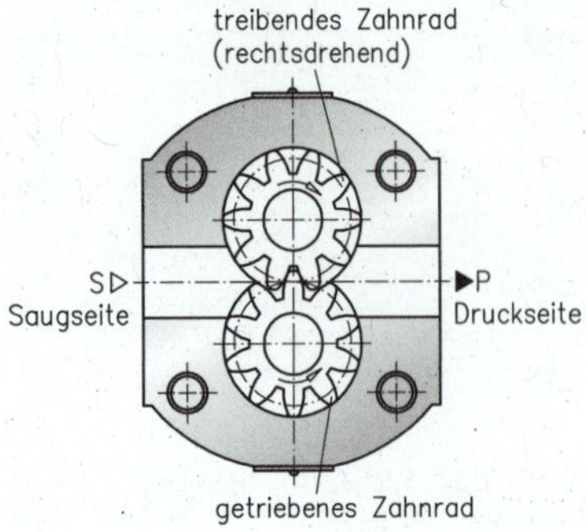

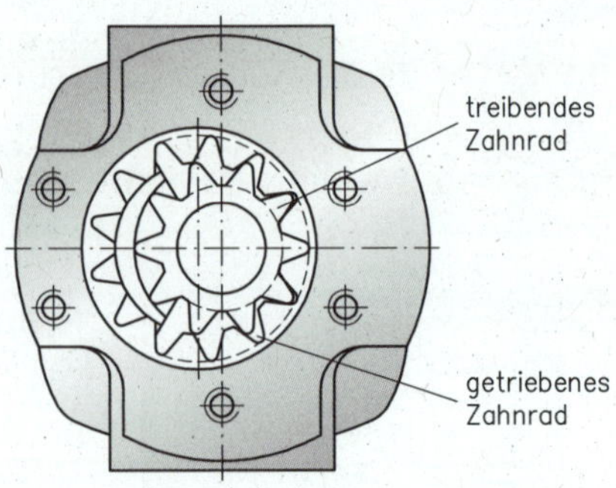

______________________ ______________________

Wie kommt das Verdrängungsvolumen bei diesen beiden Pumpen zustande?

____

____

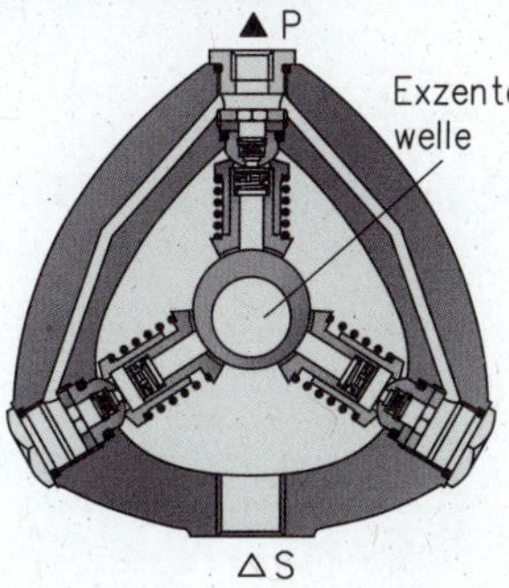

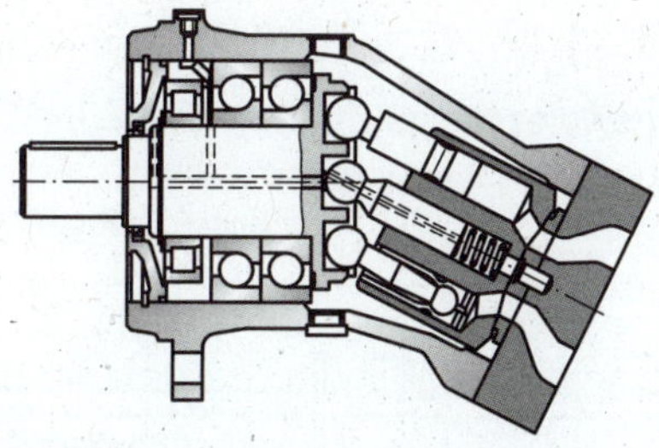

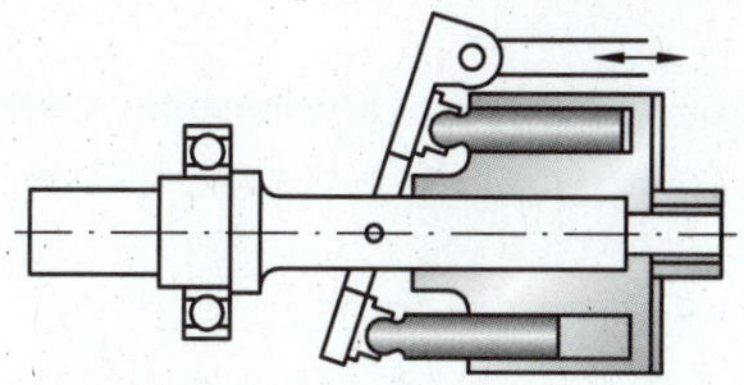

Wie kommt das Verdrängungsvolumen bei Kolbenpumpen zustande?

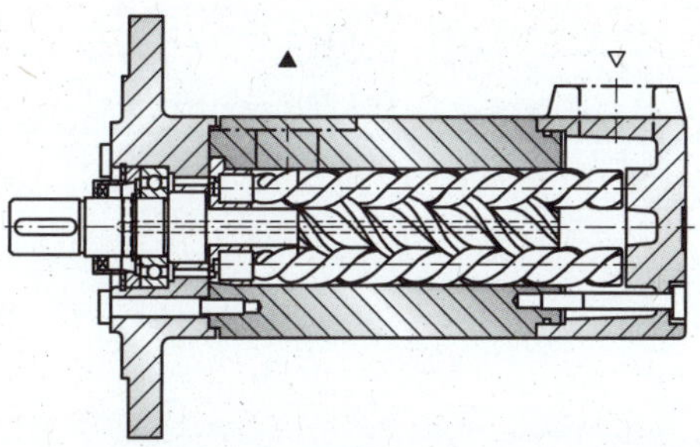

Das Verdrängungsvolumen ...

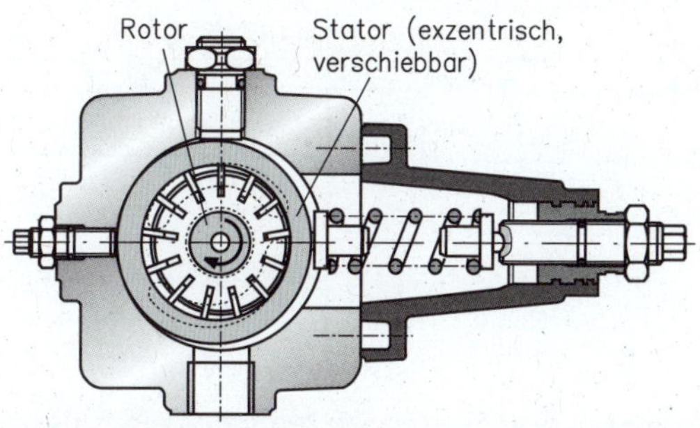

Das Verdrängungsvolumen ...

④ Skizzieren Sie die Sinnbilder für
a) eine Konstantpumpe mit zwei Förderrichtungen,
b) eine Verstellpumpe mit einer Förderrichtung.

a)

b)

⑤ Eine Zahnradpumpe mit zwei außenverzahnten Rädern (Modul 4 mm, 7 Zähne, Breite 15 mm) wird von einem Elektromotor mit konstanter Drehzahl (980 1/min) angetrieben.
a) Ermitteln Sie überschlägig das Verdrängungsvolumen.
b) Bestimmen Sie den Förderstrom Q in l/min.
c) Deuten Sie die dargestellte Pumpenkennlinie.

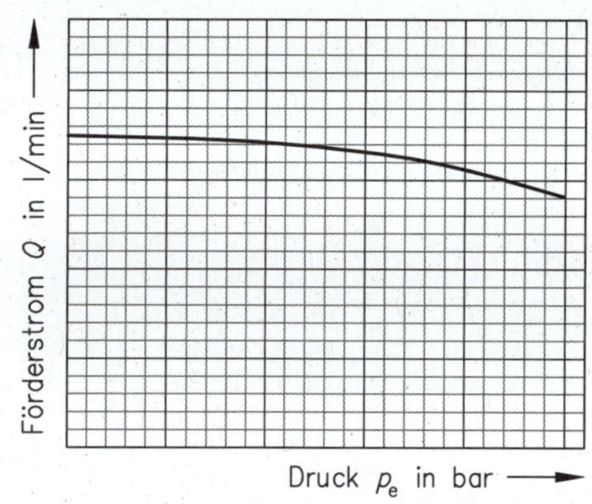

a)

b)

c)

C Hydrozylinder

① Informieren Sie sich über die Funktionsweise dieser Hydrozylinder und bezeichnen Sie die jeweiligen Darstellungen.

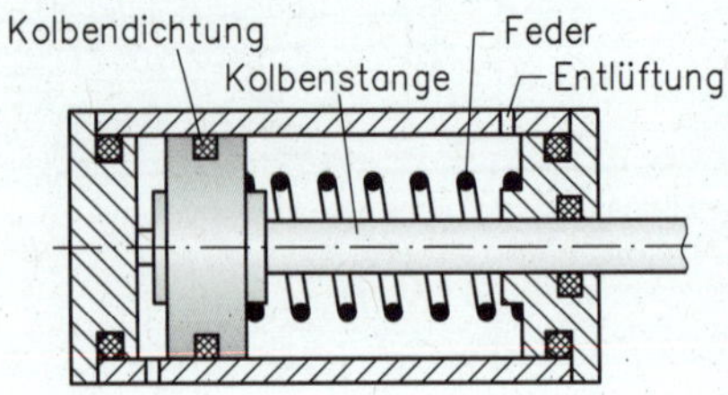

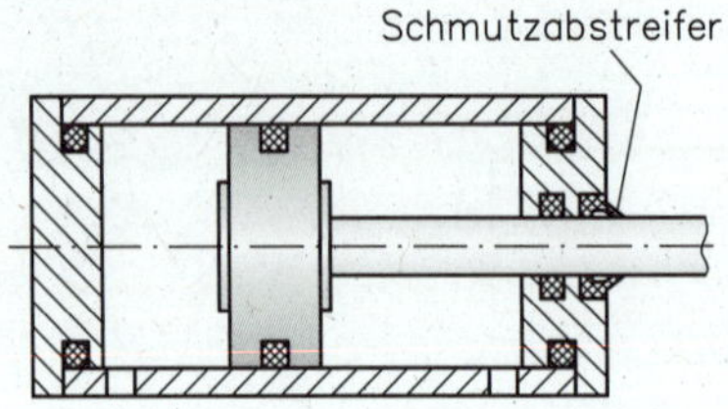

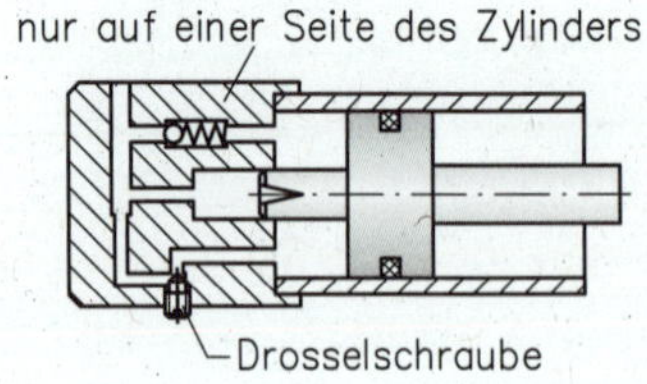

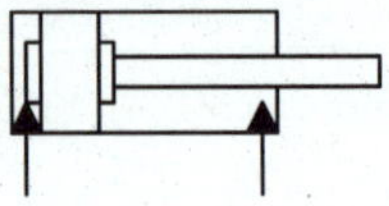

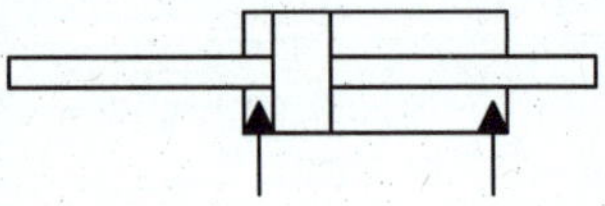

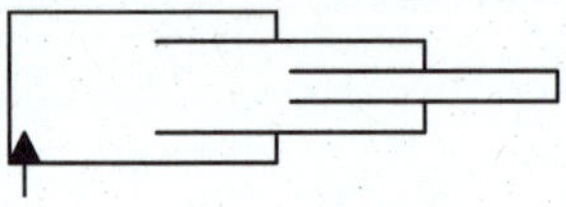

② In einer hydraulischen Steuerung ist ein Arbeitsdruck von 60 bar eingestellt. Die Pumpe fördert 5 l/min. Der doppelt wirkende Zylinder (50/30/600) hat einen Wirkungsgrad von 80 %.

a) Erläutern Sie, wodurch der Wirkungsgrad eines Zylinders gemindert wird.
b) Berechnen Sie die maximale Kolbenkraft beim Vorhub und beim Rückhub.
c) Ermitteln Sie die maximale Kolbengeschwindigkeit beim Vorhub und beim Rückhub.

a)

b) Wirksame Kolbenfläche beim ...

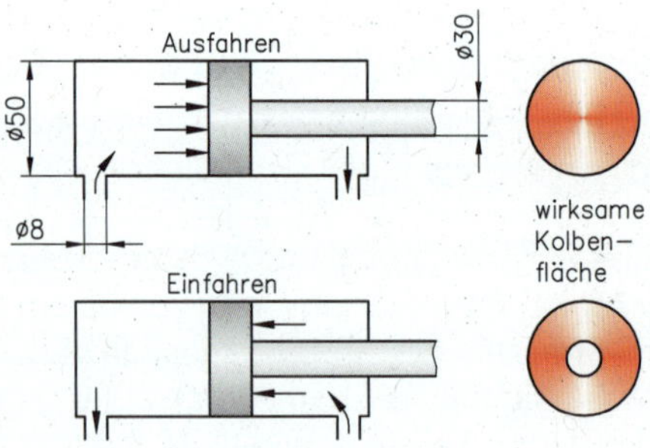

Vorhub (Ausfahren):

Rückhub (Einfahren):

Kolbenkraft:
$F = p_e \cdot A \cdot \eta$

p_e Druck (in N/mm²)
A wirksame Kolbenfläche
η Wirkungsgrad

Vorhub (Ausfahren):

Rückhub (Einfahren):

c) Kolbengeschwindigkeit
$v = \frac{Q}{A}$

Q Volumenstrom
A wirksame Kolbenfläche

Vorhub (Ausfahren)

Rückhub (Einfahren)

D Druckventile

Informieren Sie sich über die Funktionsweise dieser Druckventile und geben Sie deren Bezeichnung und Verwendungszweck in hydraulischen Steuerungen an.

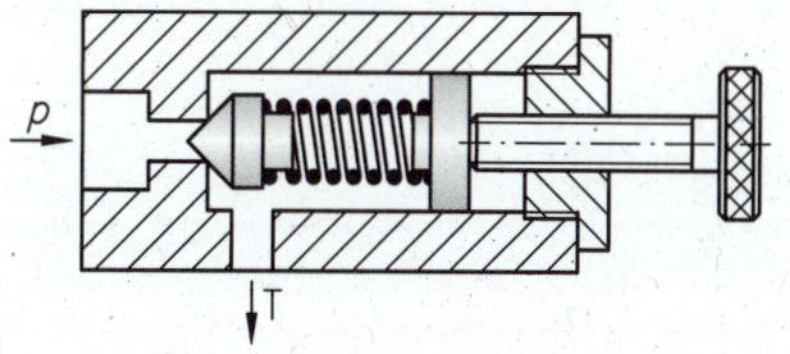

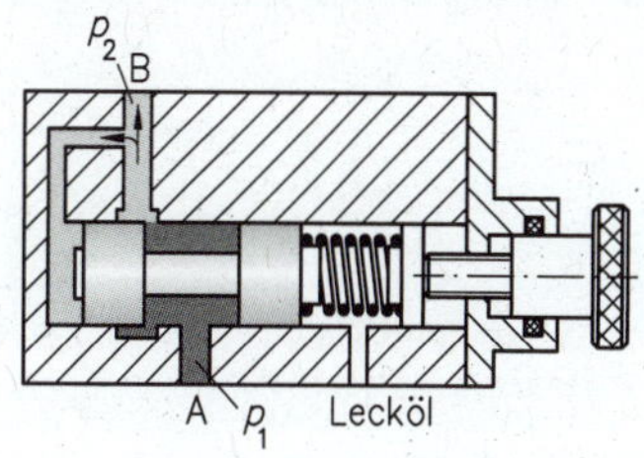

Bezeichnung:

Funktionsweise:

Verwendung:

E Wegeventile

① Erläutern Sie diese Symbole für Wegeventile.

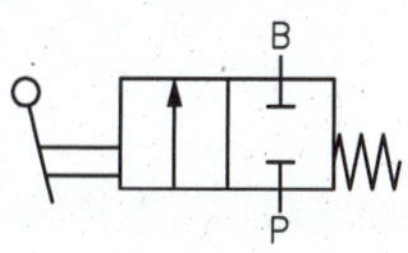

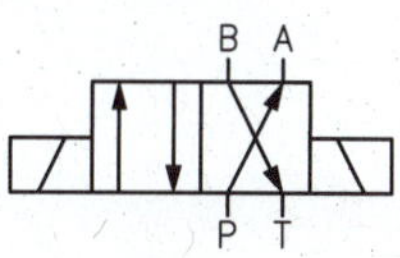

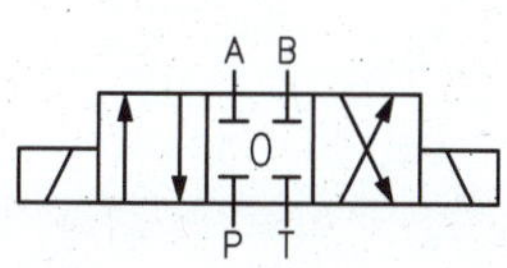

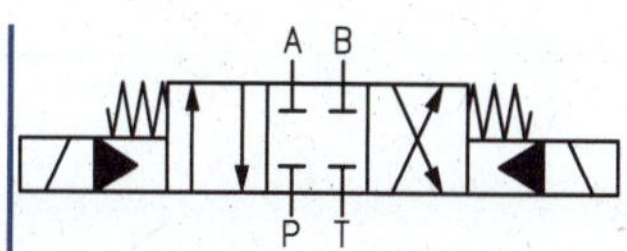

② Benennen Sie die beiden Komponenten dieses vorgesteuerten Wegeventils.

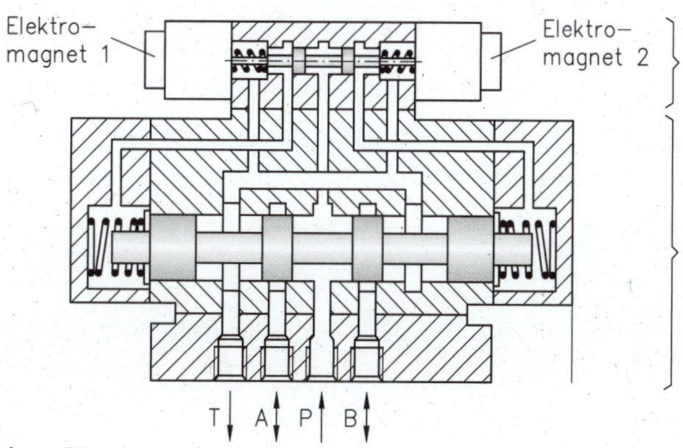

③ Stellen Sie die unterschiedlichen Bauarten der beiden skizzierten Wegeventile fest.
Welche Besonderheiten und welche Verwendung haben sie?

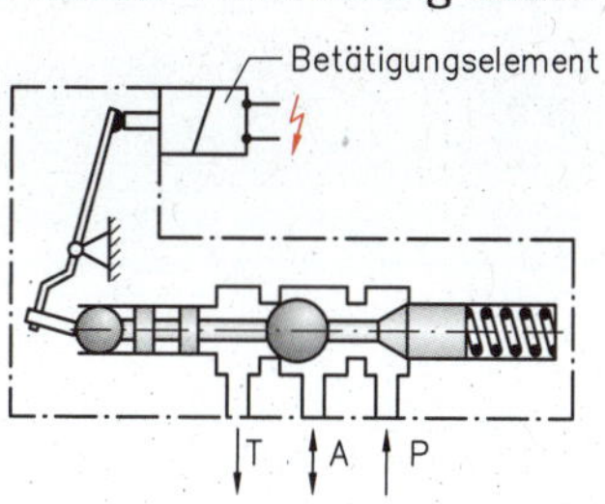

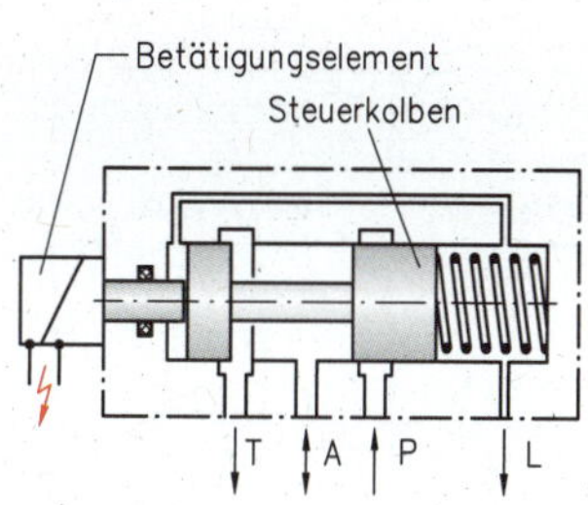

Bauart:

Vorteil:

Verwendung:

Planung

Stellen Sie selbst Kriterien auf, nach denen Sie beurteilen, ob die Hebeeinrichtung die geforderten Merkmale erfüllt.

Ausführung

① Zeichnen Sie einen normgerechten Schaltplan für die Hebevorrichtung.

② Ermitteln Sie den Pumpenförderstrom bei verschiedenen Drücken und zeichnen Sie die Pumpenkennlinie.

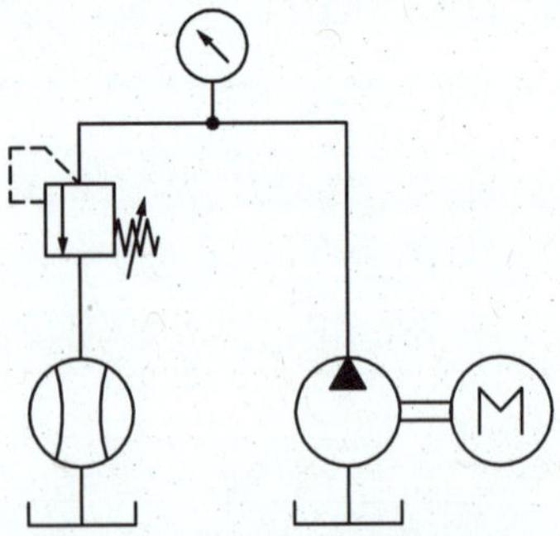

Druck p_e in bar	Förderstrom Q in l/min

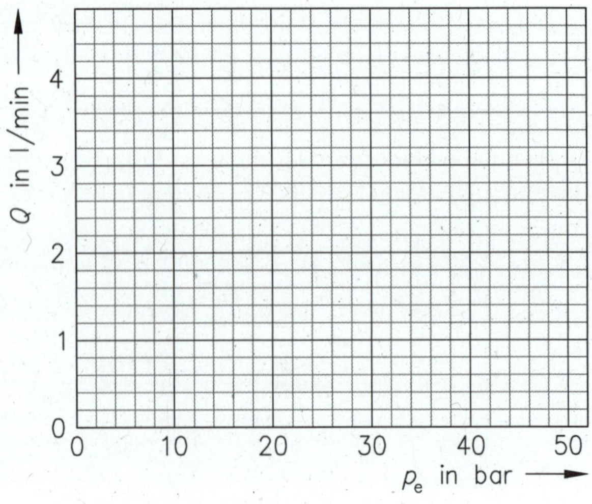

③ Berechnen Sie mit den Daten der Leistungsbeschreibung (vgl. S. 65) den Förderstrom der Pumpe, die Kolbengeschwindigkeit beim **Einfahren** und die erforderliche Zeit für das vollständige Einfahren.

④ Stellen Sie den Arbeitsdruck richtig ein und ermitteln Sie die Zeit für den vollständigen Rückhub unter verschiedenen Belastungen, indem Sie aus mehreren Messungen Mittelwerte bilden. Berechnen Sie jeweils auch die mittlere Kolbengeschwindigkeit.

Last (Zugkraft) in N			
Zeit für Rückhub in s			
mittlere Kolbengeschwindigk. in m/min			

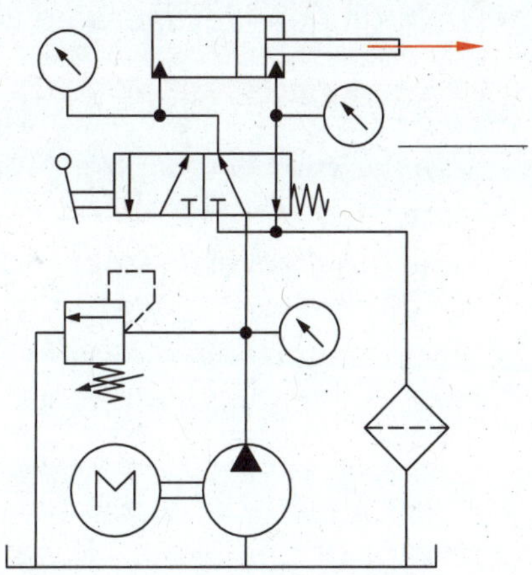

⑤ Berechnen Sie den theoretischen Druck im Zylinder, wenn er mit dem zur Verfügung stehenden Prüfgewicht belastet wird.

Prüfen Sie den Druck im Zylinder (bei ausgeschaltetem Aggregat) unter der Prüflast, indem Sie die Masse mehrmals von Hand heben und wieder loslassen.

⑥ Ermitteln Sie bei eingeschaltetem Hydraulikaggregat den Mindestdruck zum Heben der Prüflast, indem Sie am Druckbegrenzungsventil den Druck langsam verändern.
Berechnen Sie anschließend den Wirkungsgrad des Zylinders und seine maximale Hubkraft.

Kontrolle

Vergleichen Sie die Ergebnisse mit den von Ihnen formulierten Prüfkriterien bzw. mit der Leistungsbeschreibung für die Hebeeinrichtung.

Auftrag: Bei einem Hydromotor wird mit einer Drossel die Drehzahl gesteuert. Bei wechselnder Belastung zeigen sich starke Drehzahlschwankungen. Ermitteln Sie die Ursache für die Drehzahlschwankungen und entscheiden Sie sich für eine Verbesserung.

Informieren/orientieren Sie sich, indem Sie ...
- sich über die Bauart und Funktionsweise von Hydromotoren erkundigen,
- den Zusammenhang zwischen Volumenstrom und Drehzahl ermitteln,
- sich mit Stromventilen vertraut machen,
- die Bedeutung der Volumenstromaufteilung herausstellen,
- den Zusammenhang zwischen Druckdifferenz am Drosselventil und Volumenstrom finden,
- sich mit den Messgeräten vertraut machen.

Planen/entscheiden Sie, indem Sie ...
- eine Möglichkeit suchen, veränderbare Belastungen des Hydromotors zu simulieren,
- einen Versuchsaufbau entwerfen, mit dem Sie die erforderlichen Messungen durchführen,
- eine Möglichkeit wählen, Zusammenhänge grafisch darzustellen,
- festlegen, welche Verbesserungen in Frage kommen,
- vorschlagen, wie die Wirksamkeit dieser Verbesserung bestätigt werden kann,
- sich ggf. in die Belegungsliste für die Anlage eintragen.

Führen Sie aus, indem Sie ...
- einen normgerechten Schaltplan zeichnen,
- die Anlage in Betrieb nehmen,
- die vorgegebenen Einstellungen vornehmen und die Messungen durchführen,
- die Drosselkennlinie ermitteln,
- die Verbesserung vornehmen,
- die Verbesserung durch eine Kennlinie untersuchen,
- die Änderung im Schaltplan vornehmen.

Kontrollieren Sie, indem Sie ...
- die Kennlinien vergleichen,
- die Eignung der Anlagenänderungen beurteilen,
- Ihre Ergebnisse mit den Ergebnissen anderer Gruppen vergleichen.

Bewerten und dokumentieren/präsentieren Sie, indem Sie ...
- die gesamte Lernsituation kritisch überdenken,
- geeignete Medien auswählen und einen Vortrag ausarbeiten.

Information

A Hydromotoren

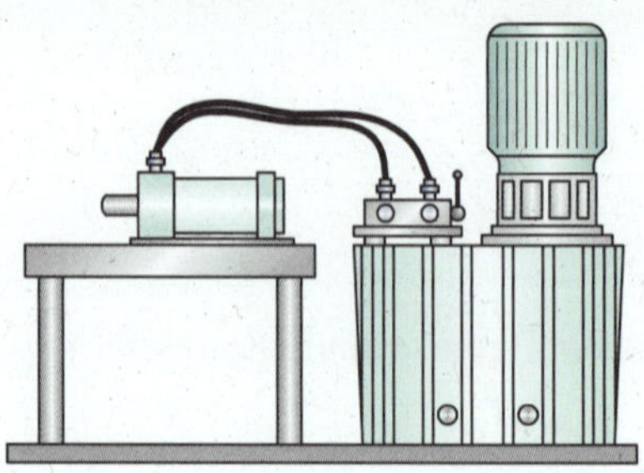

Arbeitsdruck: 40 bar
Schluckvolumen: 8,7 cm^3
Förderstrom: 4,0 l/min
Soll-Drehzahl: 250 1/min

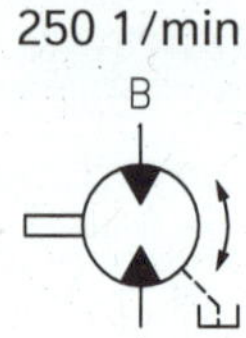

① a) Vergleichen Sie Hydromotoren und Hydropumpen hinsichtlich ihres Aufbaus.
b) Was versteht man unter dem sog. Schluckvolumen eines Hydromotors?
c) Erklären Sie das dargestellte Symbol.

a) ______

b) ______

c) ______

② Ein Hydromotor hat ein Schluckvolumen von 95 cm^3. Er wird mit einem Volumenstrom von 65 l/min beaufschlagt. Berechnen Sie die Drehzahl des Motors.

$$n = \frac{Q}{V}$$

B Stromventile

① Welche Aufgaben haben Stromventile?

② a) Wie bezeichnet man die abgebildeten Stromventile fachgerecht?
b) Welche Besonderheiten haben sie?
c) Skizzieren Sie das Schaltzeichen mithilfe des Tabellenbuchs.

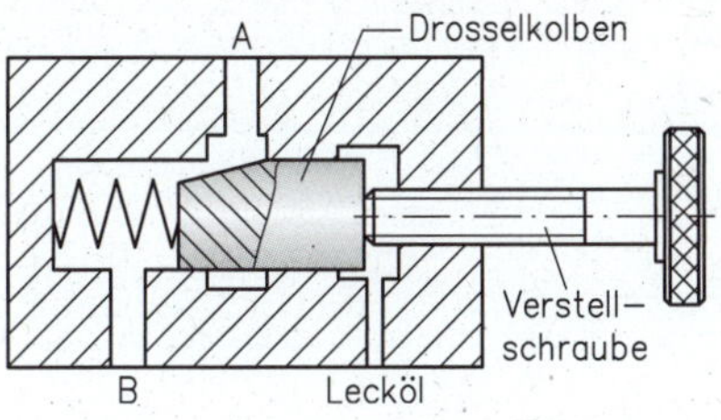

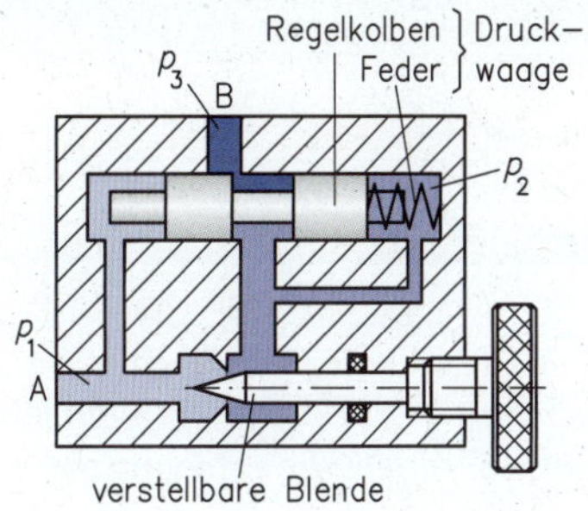

a)

b)

c)

a)

b)

c)

③ Von welchen physikalischen Größen hängt der Volumenstrom durch ein Drosselventil hauptsächlich ab? Formulieren Sie auch eine Gesetzmäßigkeit.

④ Wie kann in einer hydraulischen Steuerung der Volumenstrom zu einem Zylinder verringert werden, obwohl die Hydropumpe einen konstanten Förderstrom liefert?

⑤ Beschreiben Sie ausführlich, was mit dem Volumenstrom passiert, wenn an einem Drosselventil in einer hydraulischen Steuerung der Drosselquerschnitt von „ganz offen“ schrittweise auf „ganz geschlossen“ verringert wird.

Planung

① Zeichnen Sie vor den Hydromotor ein Druckbegrenzungsventil zum Simulieren der Last ein.

② Der Hydromotor hat ein Schluckvolumen von 8,7 cm^3. Er soll mit einer Drehzahl von 250 1/min laufen. Berechnen Sie den erforderlichen Volumenstrom.

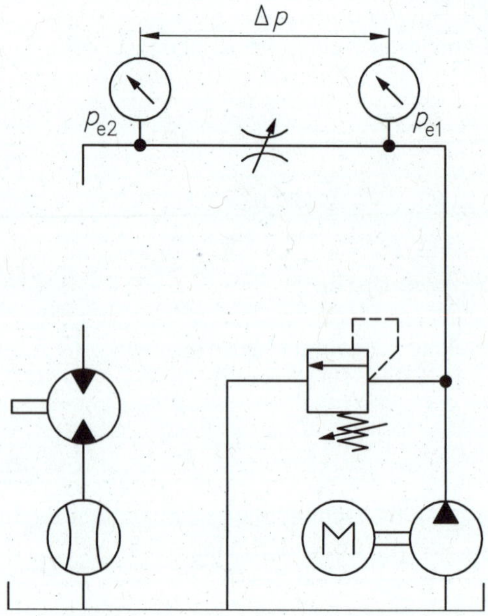

Ausführung

① Nehmen Sie die Anlage in Betrieb und stellen Sie bei geschlossenem Drosselventil den Arbeitsdruck 40 bar ein. Entlasten Sie das Druckbegrenzungsventil zur Lastsimulierung und stellen Sie mit der Drossel den passenden Volumenstrom für eine Drehzahl von 250 1/min ein.

Erhöhen Sie schrittweise die Belastung des Hydromotors, indem Sie mit dem DBV die jeweiligen Drücke p_{e2} einstellen. Messen Sie jeweils den Volumenstrom bzw. die Drehzahl des Hydromotors und berechnen Sie die fehlenden Werte. Stellen Sie die Ergebnisse im Diagramm grafisch dar.

p_{e2}	p_{e1}	Δp	Q	n
10 bar				
15 bar				
20 bar				
25 bar				
30 bar				
35 bar				
40 bar				

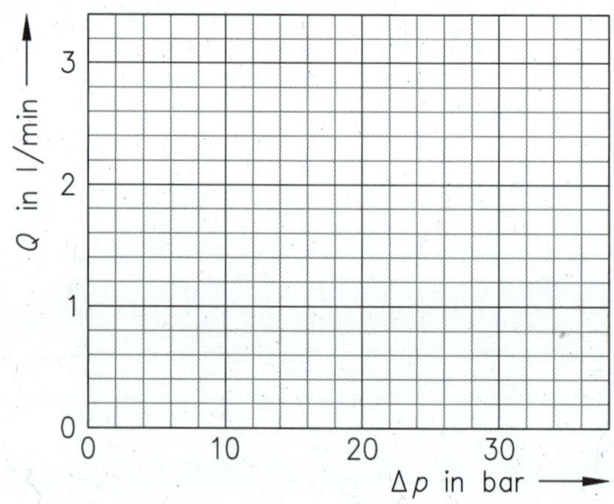

② Beschreiben Sie den gefundenen Zusammenhang zwischen Druckdifferenz an der Drossel und Volumenstrom (bei gleichbleibender Drosseleinstellung), indem Sie eine Gesetzmäßigkeit formulieren.

③ Wie wirkt sich eine höhere Belastung des Hydromotors auf die Druckdifferenz, den Volumenstrom und seine Drehzahl aus?

Verbesserungsvorschlag:
Tauschen Sie das Drosselventil gegen ein Stromregelventil aus und ergänzen Sie den Schaltplan.
Führen Sie die gleichen Einstellungen und Messungen wie beim Drosselventil durch.

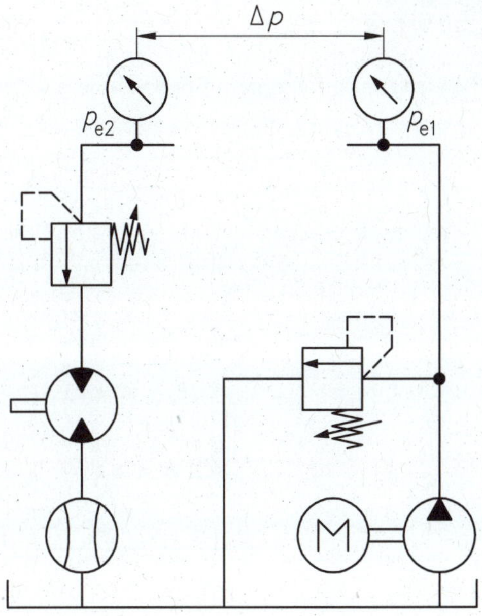

p_{e2}	p_{e1}	Δp	Q	n
10 bar				
15 bar				
20 bar				
25 bar				
30 bar				
35 bar				
40 bar				

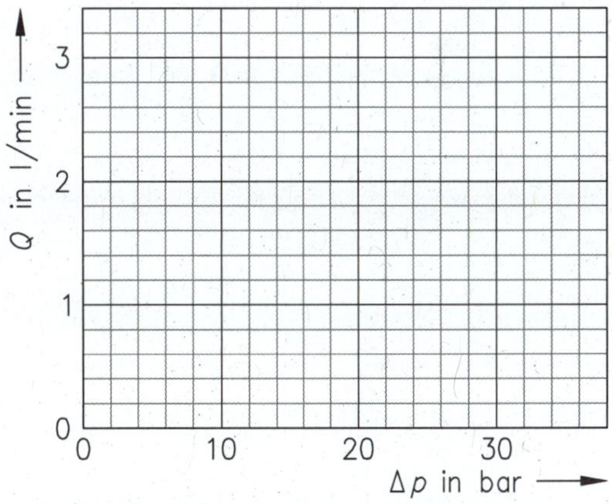

Beschreiben Sie den gefundenen Zusammenhang zwischen Druckdifferenz am Stromregelventil und Volumenstrom.

Kontrolle

Vergleichen Sie die beiden Kennlinien und beurteilen Sie die Eignung des Stromregelventils.

A Sperrventile

① Welche Aufgabe haben Sperrventile?

② Wie bezeichnet man die abgebildeten Sperrventile?
Skizzieren Sie die Schaltzeichen mithilfe des Tabellenbuchs.

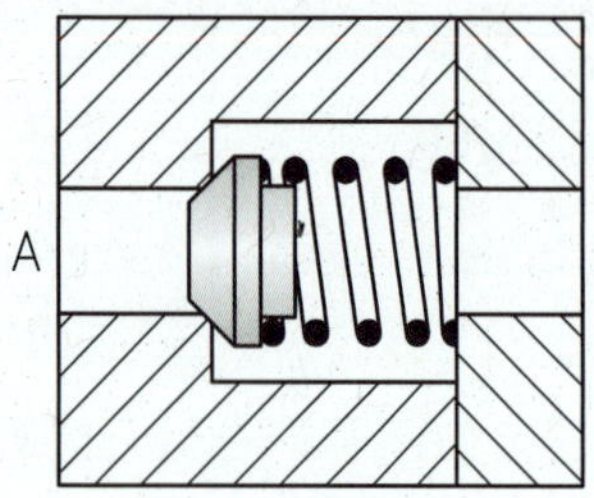

Schaltzeichen:

Welche Körper werden als Schließelement verwendet?

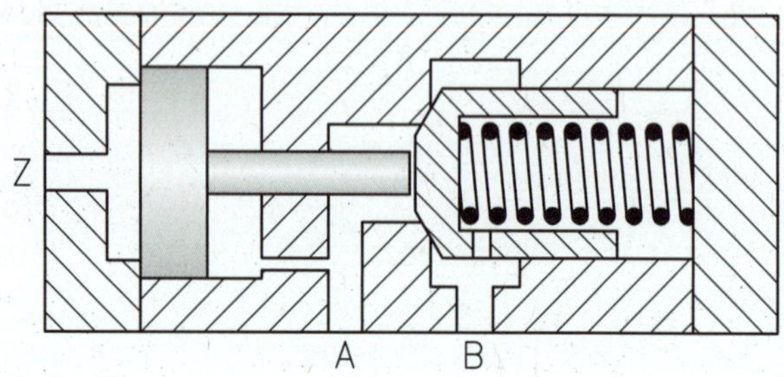

Schaltzeichen:

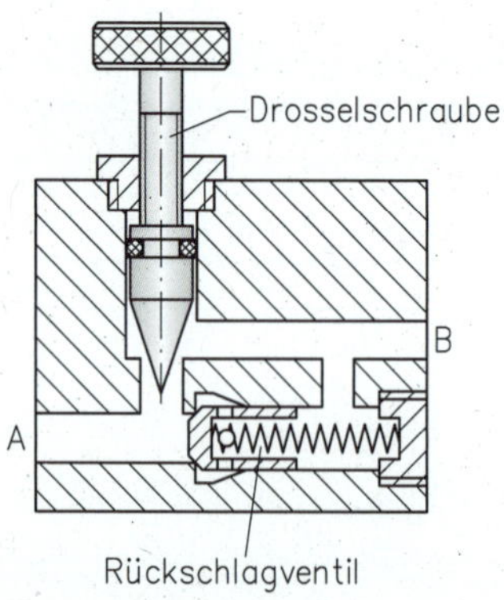

Schaltzeichen:

Besonderheit:

B Proportionalventile

① Welche Aufgabe haben Proportionalventile (Wege-, Strom-, Druckventile)?

② Nach welchem technischen Prinzip funktionieren Proportionalventile?

Bei Proportionalventilen wird ein ____________

elektrisches Eingangssignal umgeformt in ein

____________ **hydraulisches Ausgangssignal**

(z. B. Volumenstrom).

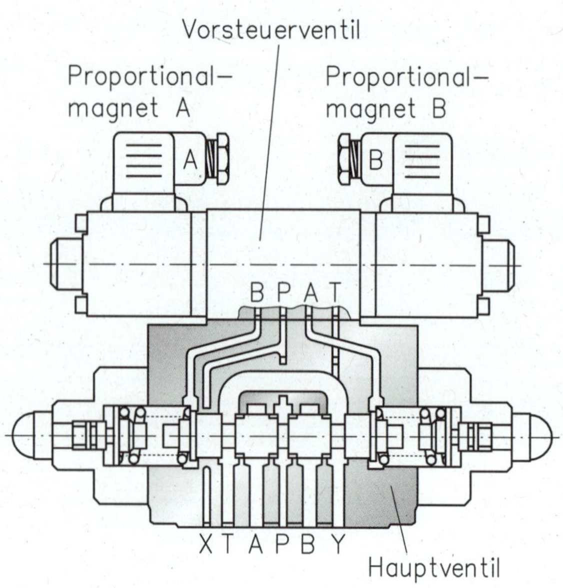

C Hydrospeicher

① Manche hydraulischen Anlagen haben einen sog. Hydrospeicher zugeschaltet (Reihenfolge: Ölbehälter – Druckbegrenzungsventil – Hydrospeicher – weitere Anlage). Welche Aufgaben haben Hydrospeicher?

② Wie werden die folgenden Bauarten von Hydrospeichern bezeichnet?

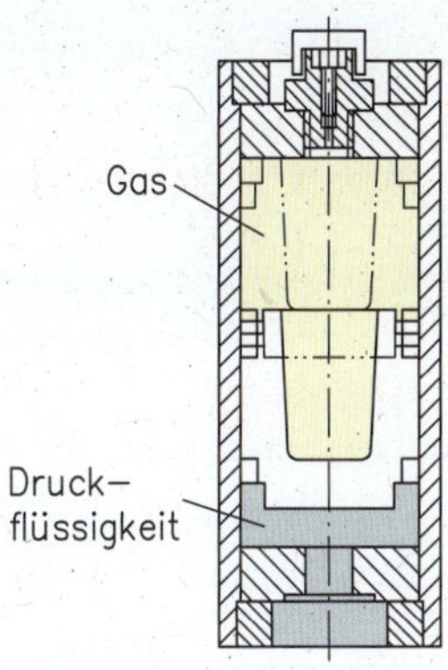

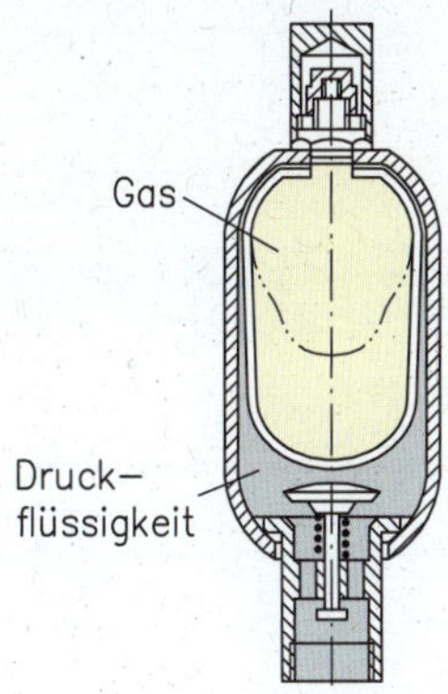

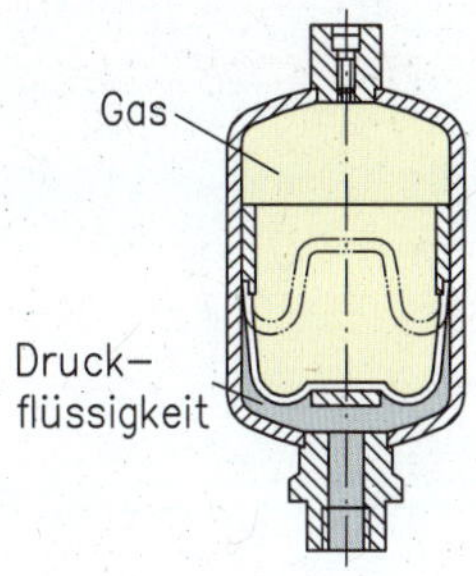

③ Beschreiben Sie die Funktionsweise des Hydrospeichers in der Anlage, wenn
a) das Absperrventil nur bei Bedarf manuell geöffnet wird,
b) das Absperrventil dauernd offen ist.

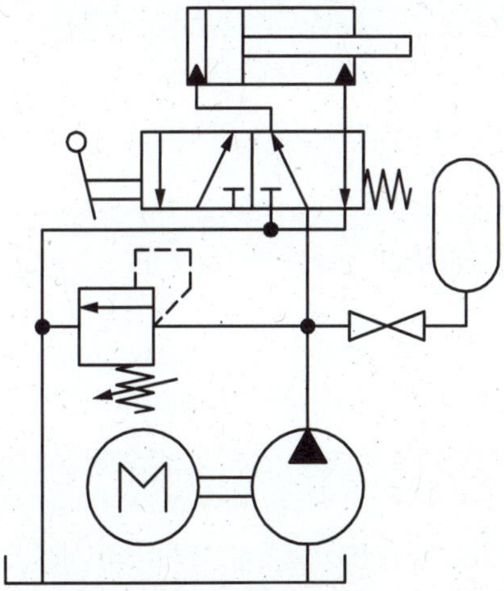

a)

b)

D Differenzialschaltung

Die Schaltung zeigt ein Beispiel, wie auch durch Differenzialschaltung eine schnellere Kolbengeschwindigkeit erzielt werden kann.
Erklären Sie die verschiedenen Schaltstellungen des Wegeventils.

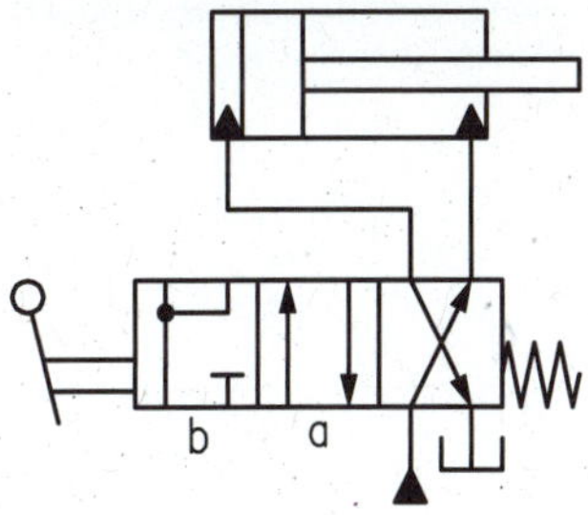

E Leistungsberechnung

Mit einer hydraulischen Hebevorrichtung wird eine Last von 360 kg in 7 sec um 800 mm angehoben.

① a) In welcher Form wird Leistung zwischen den verschiedenen Komponenten übertragen und welche zwei physikalischen Größen bestimmen jeweils deren Größenwert?

b) Wodurch wird der Wirkungsgrad der einzelnen Komponenten vermindert?

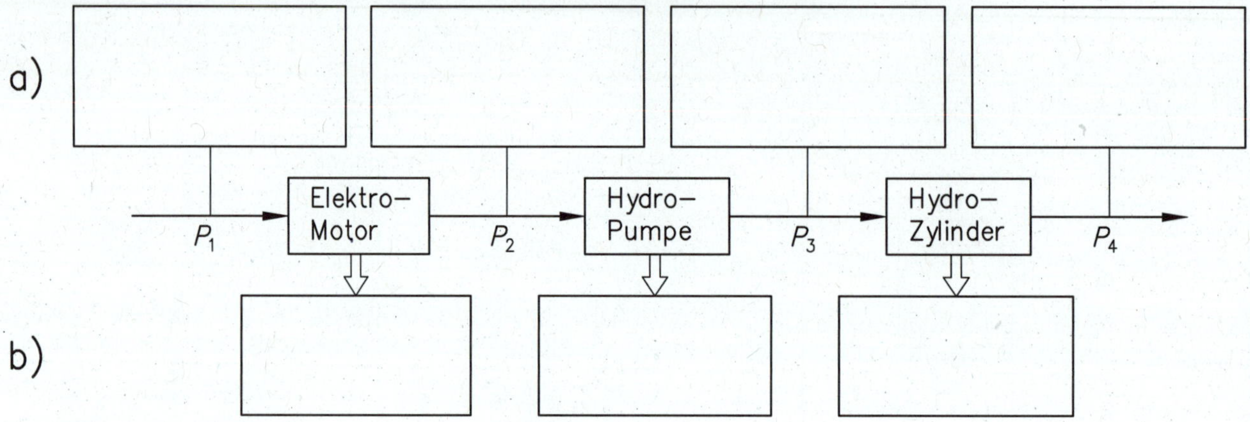

② Berechnen Sie die abgegebene Leistung P_4 des Hydrozylinders.

③ Welche Leistung P_3 liefert die Pumpe an den Hydrozylinder, wenn dieser einen Wirkungsgrad von 80 % hat und wie hoch ist der Öldruck bei einem Volumenstrom von 6 l/min?

④ Die Pumpe hat einen Wirkungsgrad von 85 %, sie wird mit 1 418 1/min angetrieben.
Berechnen Sie die Leistung P_2 und das Drehmoment der Antriebswelle.

⑤ Berechnen Sie die Leistung P_1 und die Stromstärke I, die der Wechselstrommotor bei 90 % Wirkungsgrad und einem Leistungsfaktor von 0,91 vom Netz aufnimmt.

⑥ Wie groß ist der Gesamtwirkungsgrad der Anlage?

Auftrag: Die Bohrvorrichtung (s. Zeichnung unten) wurde bisher verbindungsprogrammiert (VPS) mit Relais elektropneumatisch gesteuert und soll nun auf SPS umgestellt werden.
Sie haben die Aufgabe, den Ablauf in einem GRAFCET darzustellen, die SPS zu programmieren, die Anlage in Betrieb zu nehmen und Vorschläge zur Verbesserung zu suchen.

Informieren/orientieren Sie sich, indem Sie ...
- sich die Funktionweise der Bohrvorrichtung vergegenwärtigen,
- sich mit der Funktionsweise und Bedienung einer SPS vertraut machen,
- sich einen Überblick über wichtige Operationen einer SPS verschaffen,
- die Darstellung von Abläufen als GRAFCET kennenlernen.

Planen/entscheiden Sie, indem Sie ...
- ggf. vorhandene Software einsetzen,
- eine geeignete Steuerung auswählen,
- die Belegung der vorhandenen Geräte organisieren,
- sich für eine Programmiersprache entscheiden.

Führen Sie aus, indem Sie ...
- einen GRAFCET für die Bohrvorrichtung erstellen,
- eine Zuordnungsliste schreiben,
- das SPS-Programm erstellen,
- die Sensoren und Aktoren gemäß Zuordnungsliste anschließen,
- den Druckschalter richtig einstellen,
- das Programm auf die Steuerung übertragen,
- die Steuerung in Betrieb nehmen.

Kontrollieren Sie, indem Sie ...
- testen, ob der Ablauf der Steuerung mit den Vorgaben übereinstimmt,
- ausprobieren, wie die Steuerung auf mögliche Störungen reagiert,
- Verbesserungen vorschlagen,
- Vorteile einer SPS gegenüber einer VPS herausstellen.

Bewerten und dokumentieren/präsentieren Sie, indem Sie ...
- den gesamten Prozess kritisch überdenken,
- Ihre Ergebnisse und gewonnenen Erkenntnisse in der Klasse vortragen.

Information

Bei der Bohrvorrichtung werden die manuell zugeführten Werkstücke elektropneumatisch gespannt und gebohrt. Jeder Zyklus wird durch Betätigung des Tasters -SF1 gestartet. Der einstellbare Druckschalter -BP1 soll ein sicheres Spannen der Werkstücke gewährleisten.

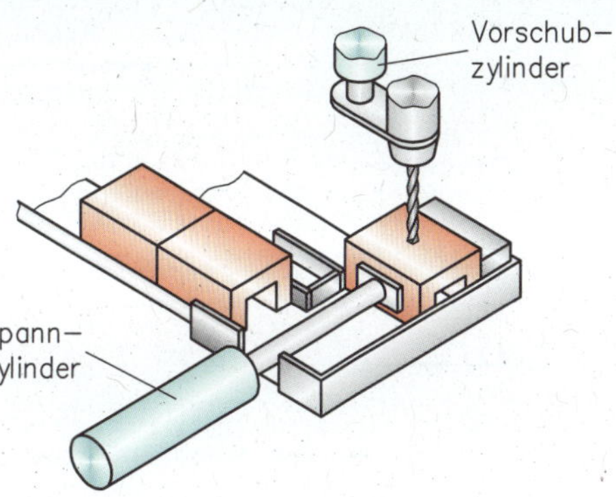

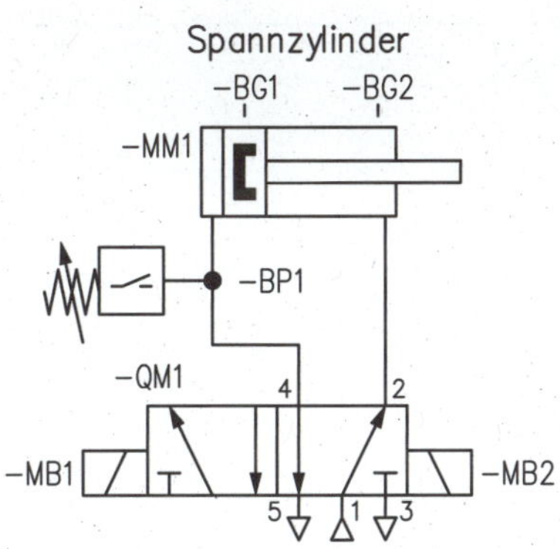

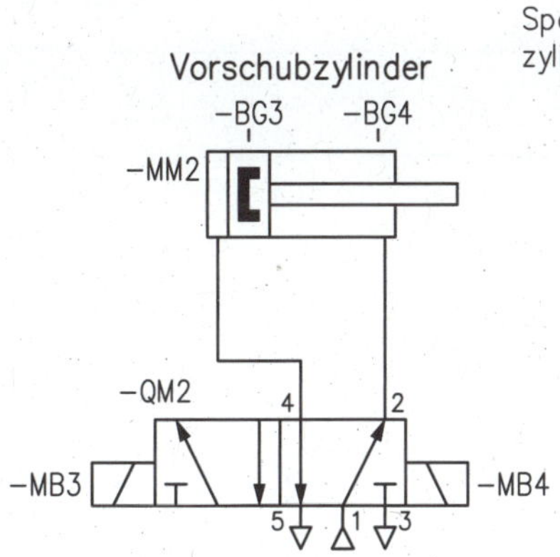

A Arbeitsweise einer SPS

① Wodurch unterscheidet sich eine speicherprogrammierbare Steuerung (SPS) von einer verbindungsprogrammierten Steuerung (VPS)?

② Nennen Sie Bauteile, die
a) an die Eingänge,
b) an die Ausgänge einer SPS angeschlossen werden können.

a)

b)

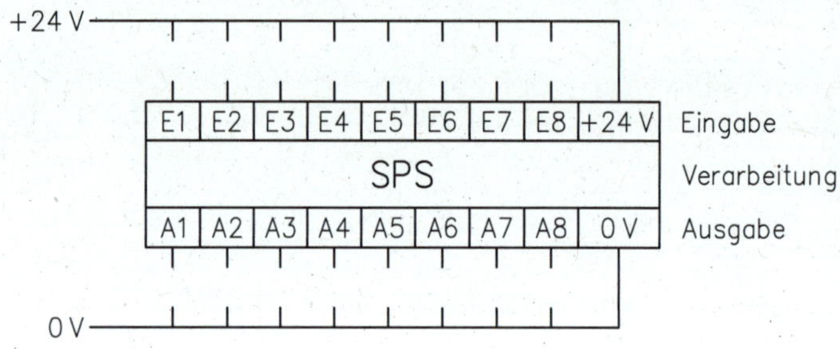

③ Nennen Sie die drei logischen Grundverknüpfungen (Grundoperationen) für die Verarbeitung der binären Daten (0 oder 1).

Deutsch (Englisch):

④ Wie heißen die ausführlichen Bezeichnungen für die angegebenen Progammiersprachen?

FBS =

KOP =

AWL =

⑤ Tragen Sie die jeweilige Verknüpfung ein und erstellen Sie die AWL.
Geben Sie auch die boolesche Schreibweise an, wie sie in einem GRAFCET bevorzugt verwendet wird.

FBS/FUP	KOP	AWL	Verknüpfung
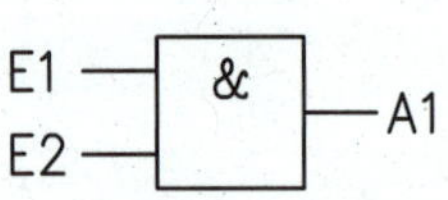	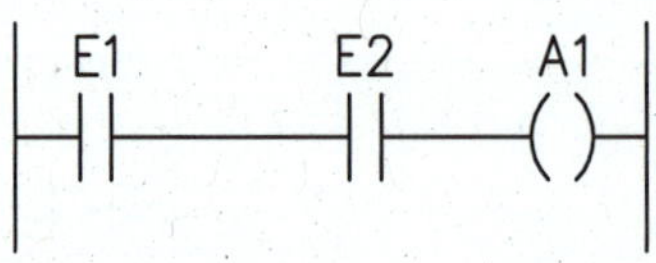	Boolesche Schreibweise:	
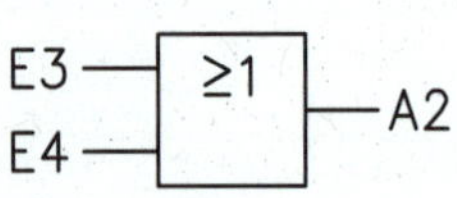	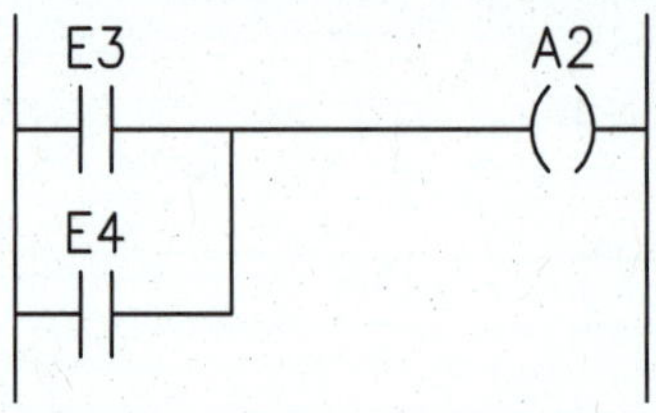	Boolesche Schreibweise:	
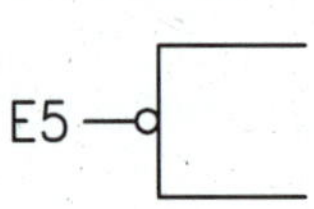		Boolesche Schreibweise:	

B Einfache Verküpfungssteuerungen

① Übertragen Sie die einzelnen Programmbeispiele in die beiden anderen Programmiersprachen und, wo gefordert, auch in die boolesche Schreibweise.

FBS/FUP	KOP	AWL

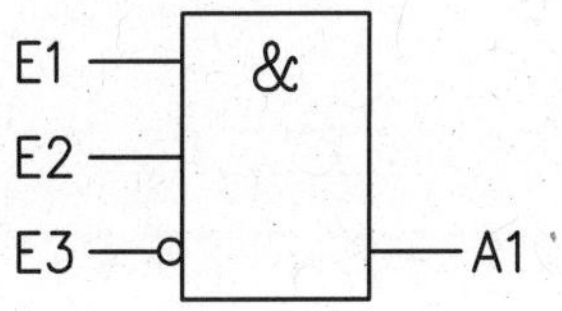

Boolesche Schreibweise: ______________

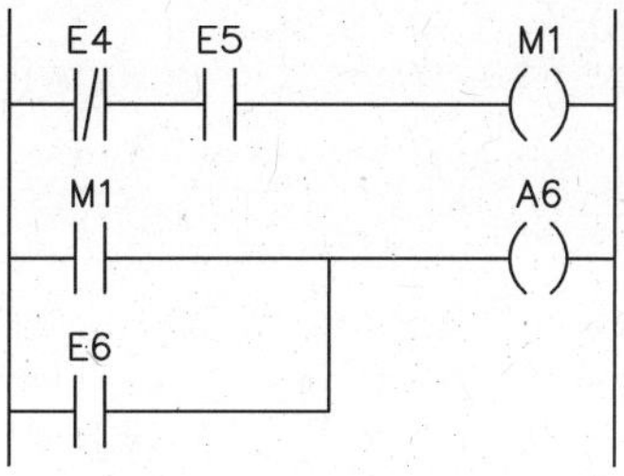

Boolesche Schreibweise: ______________

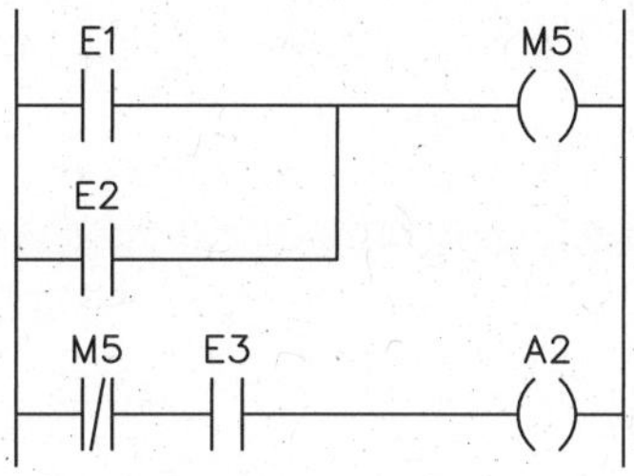

Boolesche Schreibweise: ______________

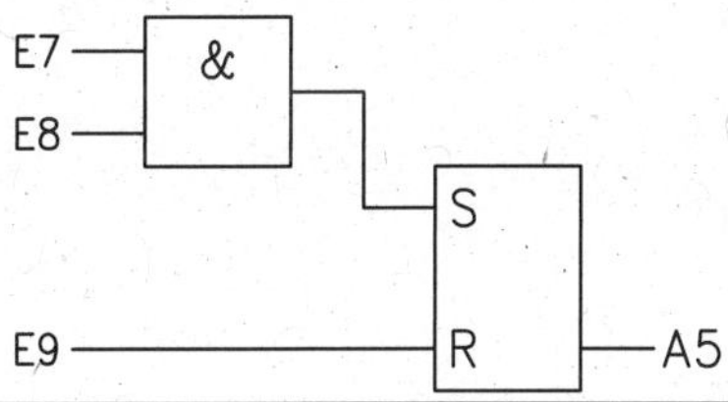

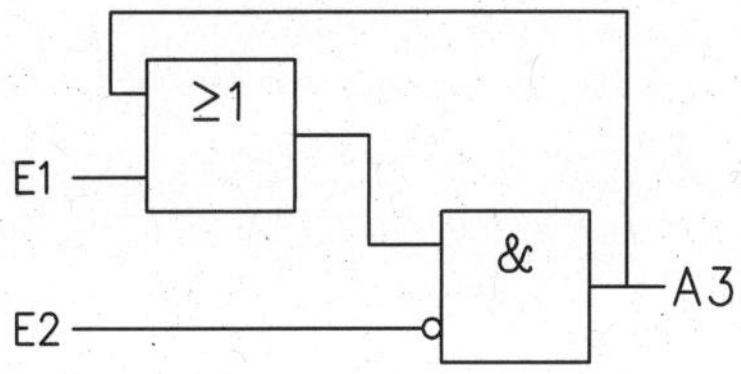

② Wofür können die folgenden weiteren Steuerfunktionen (Operationen) in speicherprogrammierbaren Steuerungen verwendet werden?

RS-Speicher: ______________

Zeitgeber: ______________

Zähler: ______________

Merker: ______________

C Ablaufsteuerungen

Welche allgemeinen Merkmale kennzeichnen eine Ablaufsteuerung (Schrittkette)?

D GRAFCET (DIN EN 60848)

In einem GRAFCET werden Steuerfunktionen mit Schritten und Weiterschaltbedingungen (Transitionen) dargestellt. An jeden Schritt können beliebig viele Aktionen angeschlossen werden. Es gibt auch verzweigte Abläufe. Der GRAFCET ist technologieunabhängig, d. h. die Realisierung kann z. B. pneumatisch, elektrohydraulisch oder durch eine SPS erfolgen.

Technologieschema

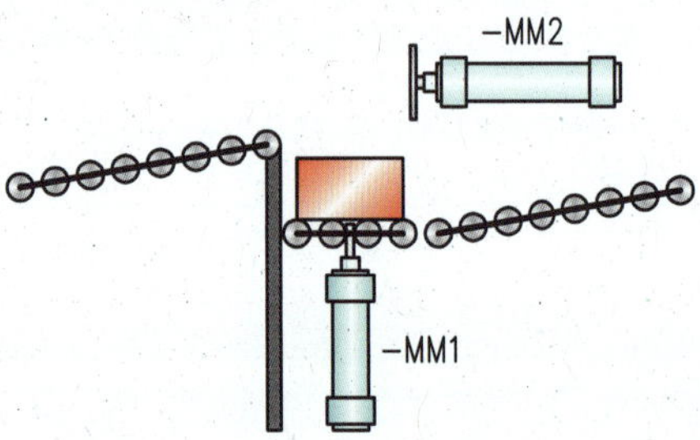

Pneumatikplan

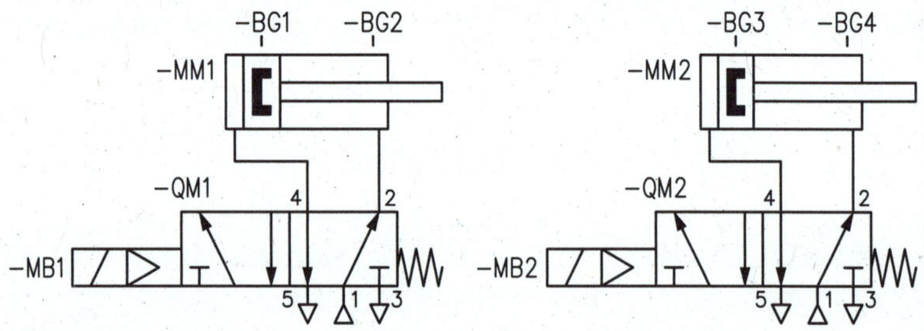

a) Ergänzen Sie den folgenden GRAFCET durch kurze Kommentare.
b) Erklären Sie die Übergangsbedingung (Transition) von Schritt 0 auf Schritt 1 .
c) Beschreiben Sie den Unterschied der Aktion bei Schritt 1 und der Aktion bei Schritt 2.

b)

c)

GRAFCET

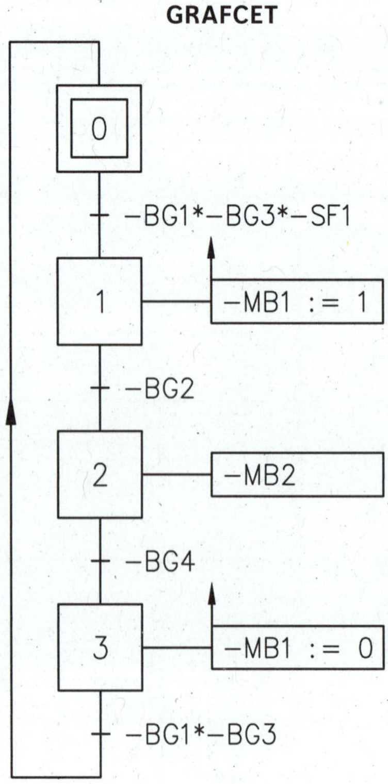

a) „Kommentar“

„Startschritt“

E Realisierung der Ablaufsteuerung mit einer SPS

① Vervollständigen Sie die Zuordnungsliste (für die an Ihrer Schule vorhandene SPS), aus der ersichtlich ist, wofür bestimmte Eingänge und Ausgänge der SPS verwendet werden. Führen Sie auch die Merker auf, mit denen die einzelnen Schritte gesetzt werden. Übersetzen Sie anschließend die AWL in die Schreibweise Ihrer SPS.

Zuordnungsliste

Bauteil	Kennzeichen	Zuordnung allgem./vorh. SPS	Kommentar
Taster (S = Schließer)	-SF1	E1	Startsignal
Näherungsschalter (S)	-BG1	E2	Zylinder -MM1 eingefahren
	-BG3	E4	
	-MB1	A1	Ausfahren -MM1
Merker	---	M1	
			Schritt 2 Ausfahren -MM2

Anweisungsliste (AWL)

Allgemeine Schreibweise

	Zeile	Operation	Operand
Schritt 1	00	U	E 2
	01	U	E 4
	02	U	E 1
	03	S	M 1
	04	U	M 2
	05	R	M 1
Schritt 2	06	U	M 1
	07	U	E 3
	08	S	M 2
	09	U	M 3
	10	R	M 2
Schritt 3	11	U	M 2
	12	U	E 5
	13	S	M 3
	14	U	E 2
	15	U	E 4
	16	R	M 3
Ausgabeteil	17	U	M 1
	18	S	A 1
	19	U	M 2
	20	=	A 2
	21	U	M 3
	22	R	A 1
	23	PE	

Schreibweise gemäß vorhandener SPS

interne Adresse	Operation	Operand	Erläuterungen

② Wie wird bei der Programmierung der Schrittkette mithilfe von Merkern sichergestellt, dass die einzelnen Schritte der Reihe nach durchlaufen werden und immer nur ein Schritt aktiv ist?

③ Alternativ zu ①: Funktionsplan (FUP), erstellt mit der Software Siemens LOGO!Soft Comfort.

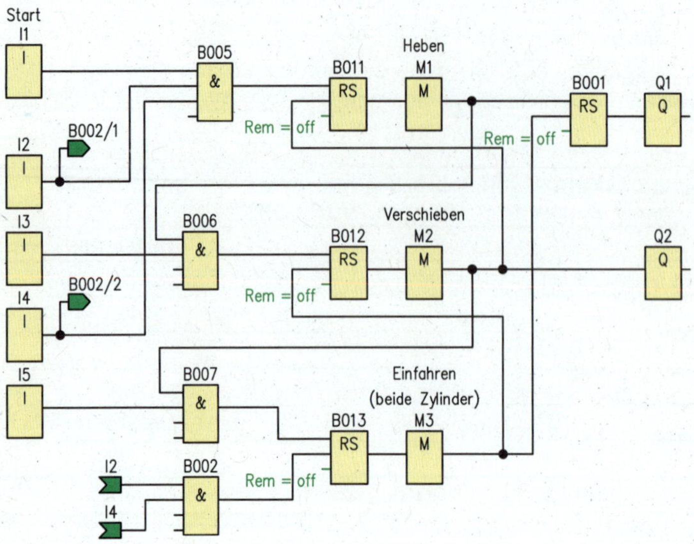

Ausführung

① Schreiben Sie einen GRAFCET für die Bohrvorrichtung.

(Beschreiben Sie unter „Kommentar" zunächst die einzelnen Schritte und wann der nächste Schritt beginnen soll. Anschließend formulieren Sie die Transitionsbedingungen und Aktionen)

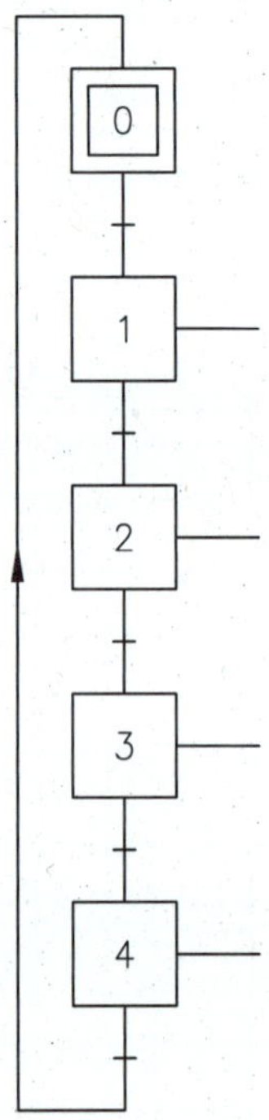

Kommentar:

② Erstellen Sie die Zuordnungsliste.

Bauteil	Kennzeichen	Zuordnung	Kommentar

③ Erstellen Sie die Anweisungsliste für Ihre SPS und beachten Sie dabei die Regeln für eine Ablaufsteuerung.

Allgemeine Schreibweise

Zeile	Operation	Operand
00		
01		
02		
03		
04		
05		
06		
07		
08		
09		
10		
11		
12		
13		
14		
15		
16		
17		
18		
19		
20		
21		
22		
23		
24		
25		
26		
27		
28		
29		
30		

Schreibweise gemäß vorhandener SPS

interne Adresse	Operation	Operand	Erläuterungen

Kontrolle

① Testen Sie die Steuerung und vergleichen Sie den Ablauf mit der geforderten Vorgabe.

② Durch welche Maßnahmen bzw. Veränderungen könnte die Steuerung verbessert werden?

③ Welche Vorteile haben speicherprogrammierte Steuerungen gegenüber verbindungsprogrammierten Steuerungen?

④ Vergleichen Sie Ihre Ergebnisse mit denen von anderen Gruppen in der Klasse.

⑤ Alternative zur AWL S. 85: Funktionsplan (FUP), erstellt mit der Software Siemens LOGO!Soft Comfort.

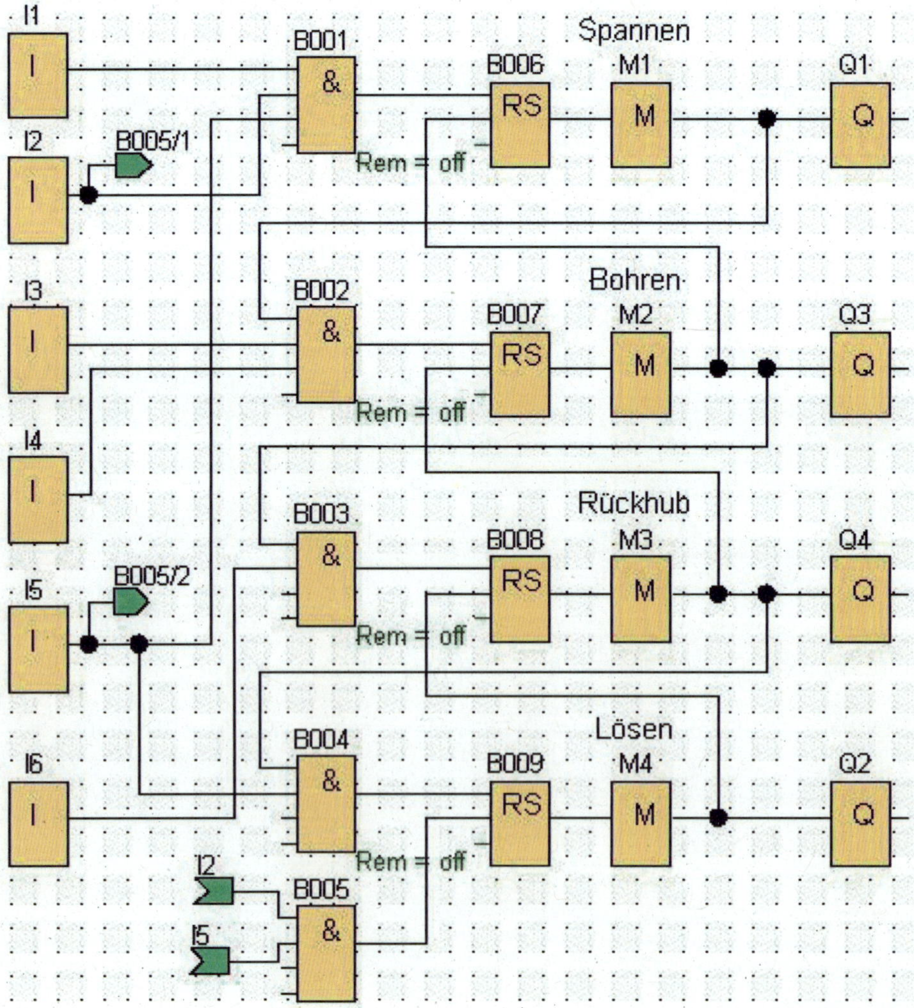

Projekt 1

Spiralkegelgetriebe

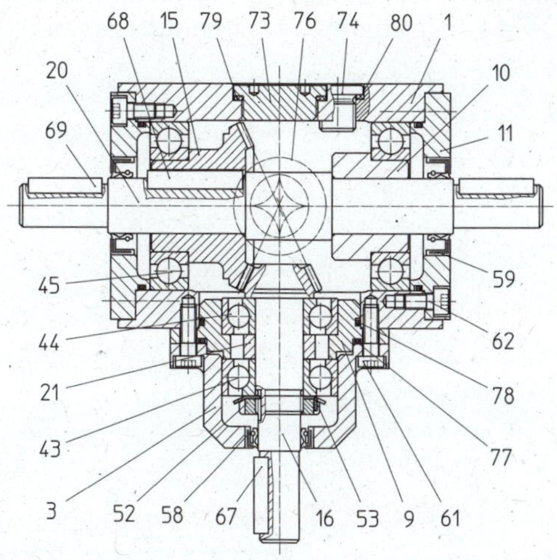

Projekt 2

Stirnrad-Schneckengetriebe

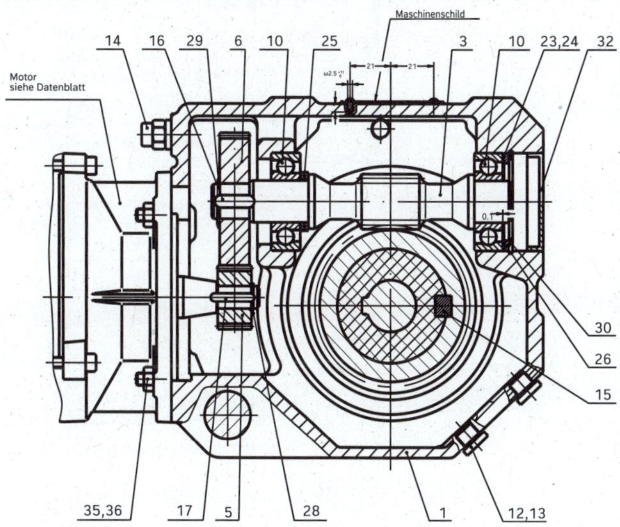

Projekt 3

Schnecken-Planetengetriebe

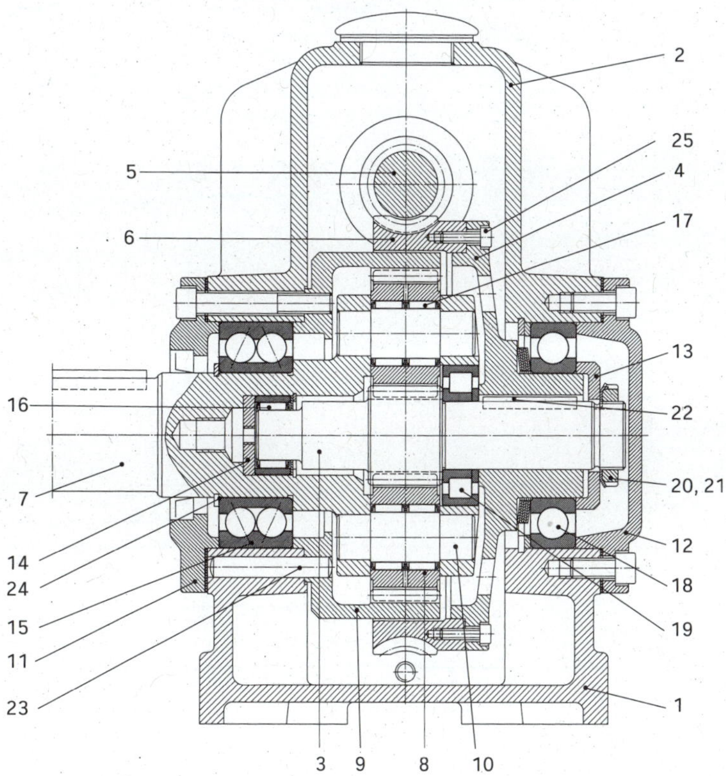

Spiralkegelgetriebe haben sich in der Praxis durch hohen Wirkungsgrad infolge guter Verzahnungsverhältnisse bewährt. Sie sind geräuscharm, unempfindlich gegen Stöße und raumsparend.

Ein Facharbeiter sollte Kenntnis über Aufbau und Funktion haben, um notwendige Wartungs- und Instandhaltungsarbeiten ordnungsgemäß und sorgfältig ausführen zu können.

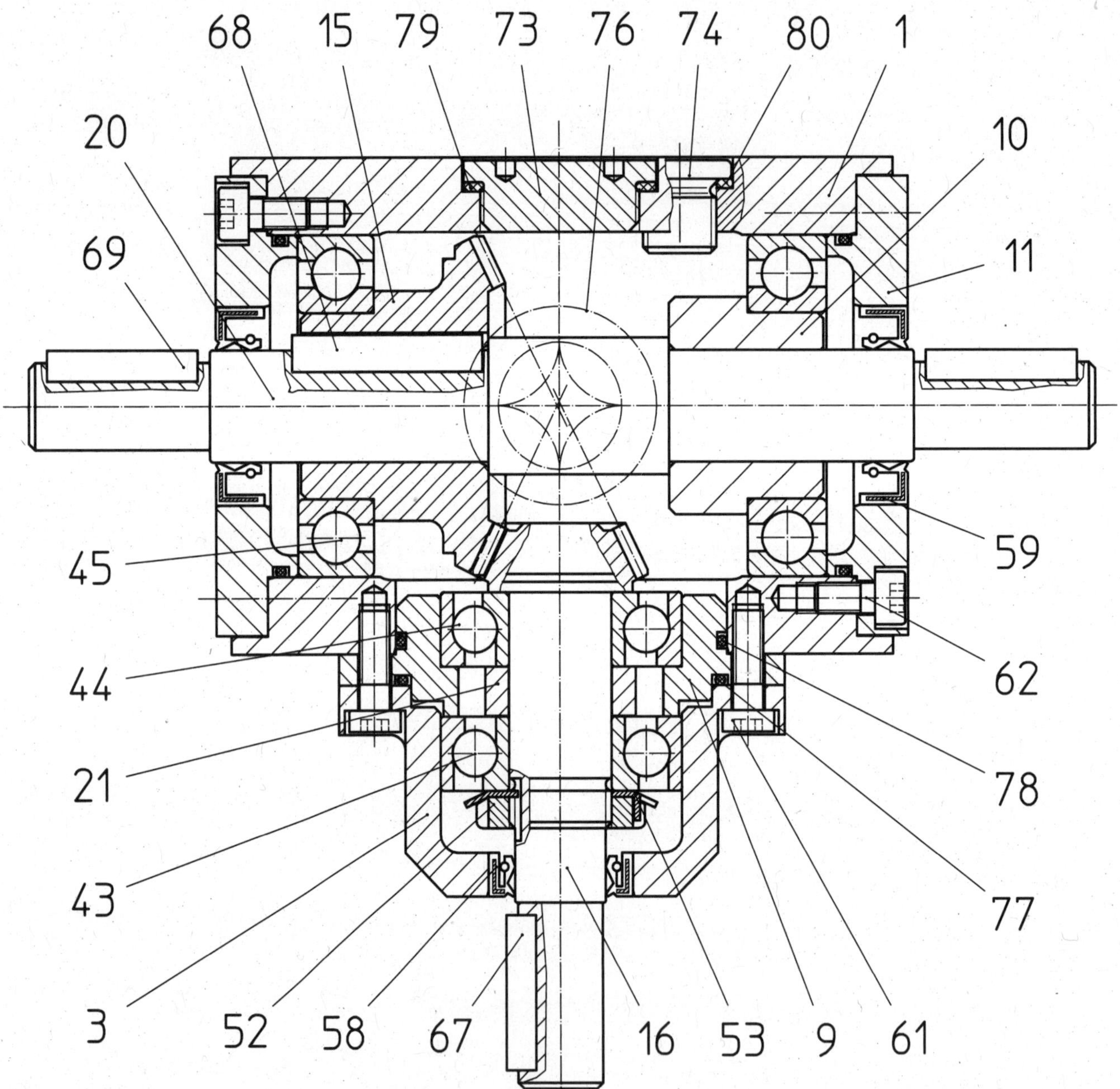

Zahnrad-u.Getriebefabrik GmbH & Co.KG 28201 Bremen			✓	roh	b/	Rz = 16	d/	Rz = 1	f/	Rz = 2,5
			a/	Rz = 63	c/	schleifen Rz = 4	e/	Einstich geschl. Rmax<=4µm	g/	Rz = 10
	CAD ZEICHNUNG KEINE MANUELLE ÄNDERUNG	(zul.Abw) DIN 7168 mittel	Oberfl. TN2 DIN ISO 1302	Maßstab 1:1		Gewicht (kg)				
				Spiralkegelgetriebe						

Stück	Benennung	Normblatt	Werkstoff	Pos.-Nr.	Bemerkung
1	Gehäuse		EN-AC-AlSi9	1	
1	Flanschlager		EN-GJL-220	3	
1	Lagerhalter		EN-GJL-220	9	
1	Lagerring		16MnCr5	10	
2	Abtriebsdeckel		EN-GJL-220	11	
1	Tellerrad		16MnCr5	15	$m = 2$ $z = 34$
1	Ritzel		16MnCr5	16	$m = 2$ $z = 17$
1	Abtriebswelle		C60	20	
1	Distanzring		S235JR	21	
1	Schrägkugellager 7205 B	DIN 628		43	
1	Schrägkugellager 7205 B	DIN 628		44	
2	Rillenkugellager 6010	DIN 625		45	
1	Nutmutter KM 5	DIN 981		52	
1	Sicherungsblech MB 5	DIN 5406		53	
1	RWDR AS 23 x 40 x 7	DIN 3760	NBR	58	
2	RWDR AS 30 x 52 x 7	DIN 3760	NBR	59	
4	Zylinderschraube M 6 x 16	DIN 7984	8.8	61	
8	Zylinderschraube M 6 x 16	ISO 4762	8.8	62	
1	Passfeder A - 6 x 6 x 30	DIN 6885	E335	67	
1	Passfeder A - 8 x 7 x 40	DIN 6885	E335	68	
2	Passfeder A - 6 x 6 x 30	DIN 6885	E335	69	
2	Verschlussschraube M 30 x 1,5		St	73	
6	Verschlussschraube M 12 x 1,5	DIN 908	St	74	
1	Ölauge mit Dichtung M 30 x 1,5		CuZn	76	
1	O-Ring 60 x 2,0	DIN 3771	NBR	77	
3	O-Ring 70 x 2,0	DIN 3771	NBR	78	
2	O-Ring 28 x 3,0	DIN 3771	NBR	79	
6	O-Ring 11 x 2,5	DIN 3771	NBR	80	

Das abgebildete Spiralkegelgetriebe wird zu einer Inspektion in Ihre Abteilung gebracht. Beantworten Sie dazu folgende Fragen.

① Geben Sie unter Angabe von Benennung und Pos.-Nummer den Kraftfluss durch das Getriebe an. Beginnen Sie an der Antriebsseite mit der Passfeder (Pos. 67).

② Das Tellerrad (Pos. 15) wird durch eine Passfeder gegen Verdrehung gesichert. Nennen Sie zwei Vorteile dieser Verbindung gegenüber einer Keilverbindung.

③ Das Ritzel (Pos. 16) ist gehärtet. Welches Härteverfahren kommt dabei zur Anwendung? Beschreiben Sie in Stichworten die Arbeitsschritte dieses Härteverfahrens. Geben Sie dabei auch die entsprechenden Temperaturen an.

16

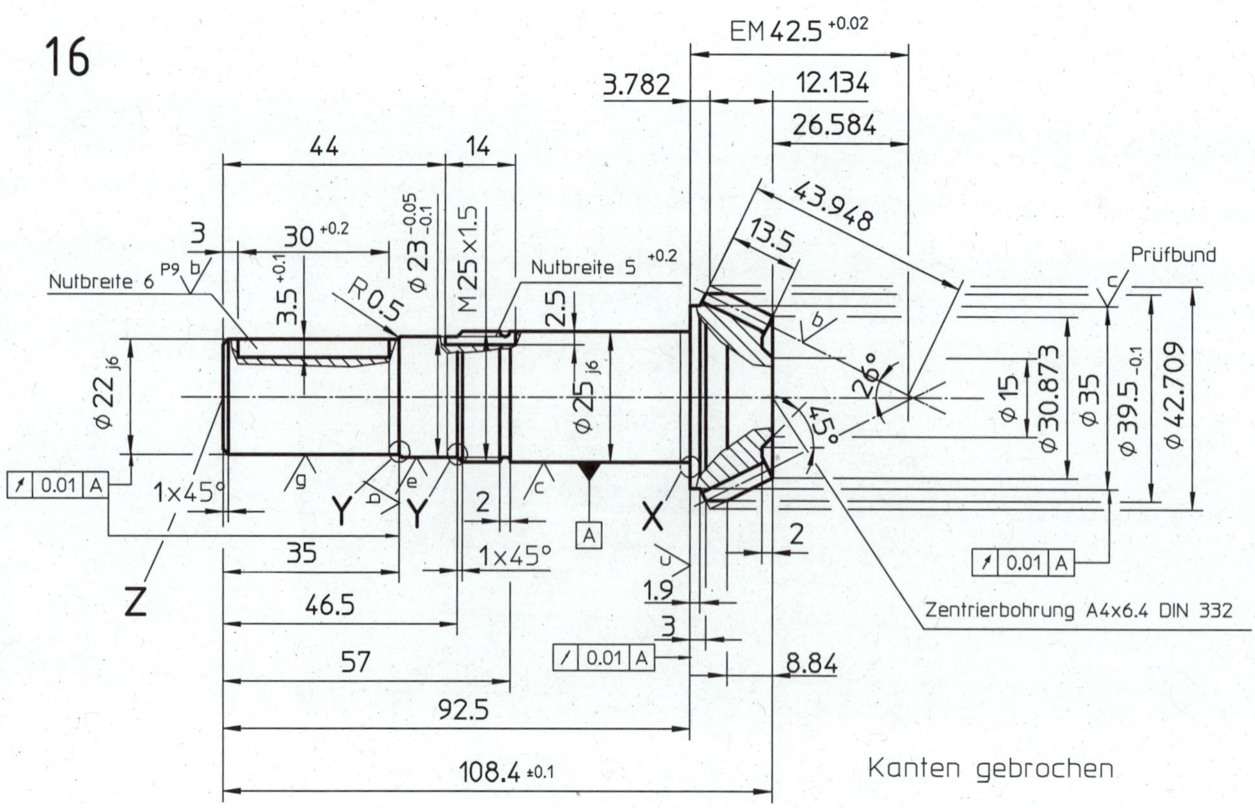

④ Berechnen Sie die Hauptnutzungszeit t_h in min zum Fräsen der normgerechten Passfedernut im Ritzel (Pos.16). Der Wellendurchmesser beträgt 22 mm. Die Vorschubgeschwindigkeit soll v_f = 40 mm/min, die Spanungstiefe a = 0,6 mm und der Anlauf l_a = 1 mm betragen. Die Zeit zum Zustellen ist zu vernachlässigen.

⑤ Die Fräsmaschine hat eine digitale Anzeige. Nennen Sie drei Vorteile einer digitalen Anzeige gegenüber analogen Messwerten.

⑥ Erläutern Sie die gezeichnete Norm am Beispiel der S. 90 abgebildeten Einzelteilzeichnung Ritzel (Pos. 16).

↗	0,01	A

⑦ Erläutern Sie die Oberflächenbeschaffenheit am Ritzel (Pos. 16) bezüglich des ⌀ 22j6. Beachten Sie dazu die Teil- und die Gesamtzeichnung.

⑧ Beim Herstellen des Ritzels (Pos. 16) an der Drehmaschine muss die Arbeitssicherheit beachtet werden. Nennen Sie fünf Maßnahmen, um Unfälle zu vermeiden.

⑨ Das Ritzel (Pos. 16) wird bei der Bearbeitung an der Drehmaschine zwischen zwei Spitzen gespannt. Welche Zentrierspitzen finden Anwendung und womit erfolgt die Mitnahme des Werkstücks?

⑩ Zum Drehen eines neuen Ritzels (Pos. 16) stehen Drehmeißel mit Schneidplatten aus den Hartmetallsorten P10, M10 und K10 zur Verfügung.
Für welche Hartmetallsorte würden Sie sich entscheiden und warum?

⑪ Die Wälzlager des Spiralkegelgetriebes S. 88, Pos. 43 und Pos. 44, sollen ausgetauscht werden. Die Baugruppe mit dem Ritzel Pos. 16 ist bereits zerlegt und gereinigt. Schreiben Sie den Arbeitsplan für die Montage der gesamten Baugruppe.

Nr.	Arbeitsgang	Werkzeug, Hilfsmittel

⑫ Das Ritzel (Pos. 16) erhält eine Passfedernut nach DIN 6885 für die Passfeder (Pos. 67). Welcher Fräsertyp muss zur Fertigung der Passfedernut verwendet werden und welche Besonderheit weisen die stirnseitigen Schneiden des Fräsers auf?

⑬ Erläutern Sie die Bezeichnung des Werkstoffs der Abtriebswelle (Pos. 20).

⑭ Auf der Gesamtzeichnung S. 88 findet sich folgende Abbildung:
Erläutern Sie diese Darstellung.

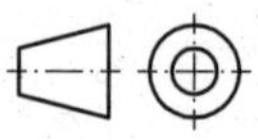

⑮ Nennen Sie drei Instandhaltungsarbeiten, die am Spiralkegelgetriebe S. 88 regelmäßig durchgeführt werden müssen.

⑯ Die Qualitätssicherung der zu bearbeitenden Produkte soll unter dem Aspekt der Prozesssicherung erfolgen. Welches Verfahren würden Sie anwenden und welchen Vorteil hat dieses Verfahren?

⑰ Berechnen Sie die Passtoleranz zwischen der Abtriebswelle (Pos. 20) mit ⌀ 30j6 und dem Tellerrad (Pos. 15) ⌀ 30H6. Welche Passung ergibt sich daraus?

⑱ Das Drehmoment des Ritzels (Pos. 16) beträgt M_1 = 190 Nm. Berechnen Sie das maximale Ausgangsdrehmoment M_2 in Nm.

⑲ Bemaßen Sie die abgebildete Verschlussschraube (Pos.-Nr. 73) normgerecht, ohne Maßzahlen einzutragen.

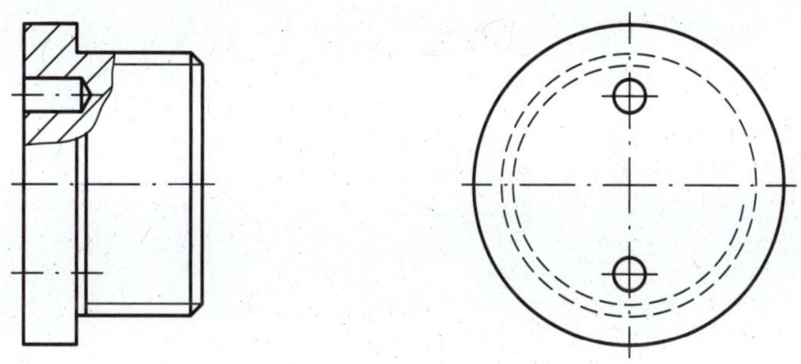

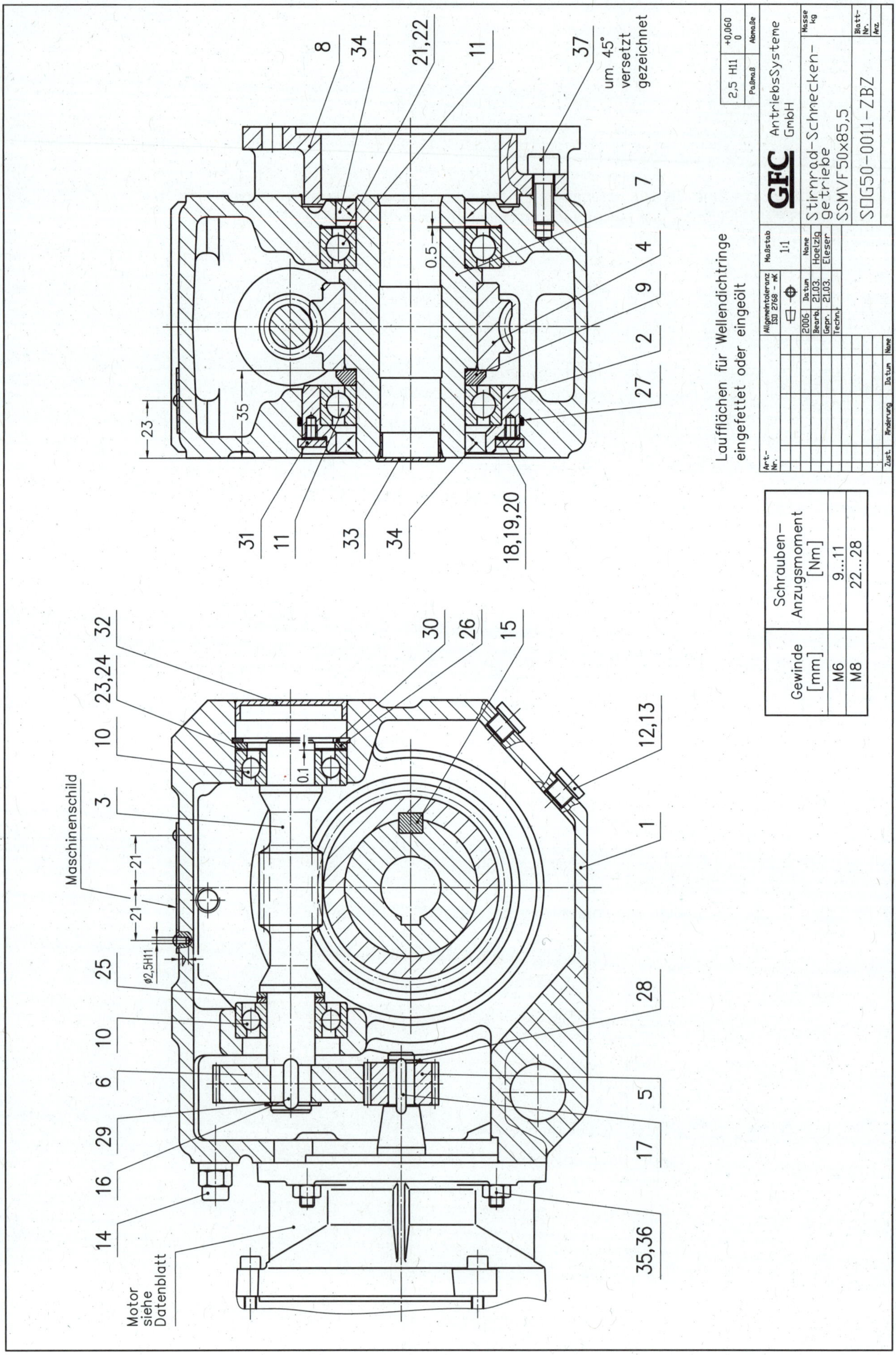
Laufflächen für Wellendichtringe eingefettet oder eingeölt
um 45° versetzt gezeichnet
Maschinenschild
Motor siehe Datenblatt
Gewinde [mm]
Schrauben-Anzugsmoment [Nm]
M6
9...11
M8
22...28
2,5 H11
+0,060
0
Paßmaß
Abmaße
Allgemeintoleranz ISO 2768 - mK
Maßstab
1:1
Masse kg
GFC
AntriebsSysteme GmbH
2006
Datum
Name
Bearb.
21.03.
Hoelzig
Gepr.
21.03.
Eleser
Techn.
Stirnrad-Schnecken-getriebe
SSMVF50x85,5
S□G50-0011-ZBZ
Blatt-Nr.
Anz.
Art.-Nr.
Zust.
Änderung
Datum
Name
Ø2,5H11
0.5
0.1
35
23
21
21
8
34
21,22
11
37
7
4
9
2
27
31
11
33
34
18,19,20
32
23,24
10
3
25
10
6
29
16
14
30
26
15
12,13
1
28
5
17
35,36

Stück	Benennung	Normblatt	Werkstoff	Pos.-Nr.	Bemerkung
1	Gehäuse SOG 50		EN-GJL-150	1	
1	Lagerdeckel		EN-GJL-200	2	
1	Schnecke		16MnCrS5	3	$m = 2$ 1-gängig
1	Schneckenrad		CuSn12Ni-C	4	$m = 2$ $z = 38$
1	Zahnrad		16MnCrS5	5	$m = 1{,}25$ $z = 20$ L
1	Zahnrad		16MnCrS5	6	$m = 1{,}25$ $z = 45$ R
1	Hülse		42CrMo4	7	
1	Flansch		EN-GJL-200	8	
1	Ring		S235JRG2	9	
2	Schrägkugellager 7204 B	DIN 628		10	
2	Rillenkugellager 6009	DIN 625		11	
7	Dichtring A10 x 13,5	DIN 7603	Cu	12	
7	Verschlussschraube M10 x 1	DIN 908	St	13	
1	Entlüfter M10 x 1			14	
1	Passfeder B - 10 x 8 x 32	DIN 6885	E335	15	
1	Passfeder B - 6 x 6 x 14	DIN 6885	C45	16	
1	Passfeder B - 4 x 4 x 18	DIN 6885	C45	17	
2	Passscheibe 70 x 90 x 0,15	DIN 988	St	18	
2	Passscheibe 70 x 90 x 0,20	DIN 988	St	19	
1	Passscheibe 70 x 90 x 0,50	DIN 988	St	20	
2	Passscheibe 60 x 75 x 0,15	DIN 988	St	21	
2	Passscheibe 60 x 75 x 0,10	DIN 988	St	22	
1	Passscheibe 37 x 47 x 0,20	DIN 988	St	23	
2	Passscheibe 37 x 47 x 0,15	DIN 988	St	24	
2	Stützscheibe 20 x 28 x 2,00	DIN 988	St	25	
1	Stützscheibe 37 x 47 x 2,50	DIN 988	St	26	
1	O-Ring 90 x 2, 5	DIN 3771	FPM	27	
1	Sicherungsring 11 x 1	DIN 471		28	
1	Sicherungsring 18 x 1,2	DIN 471		29	
1	Sicherungsring 47 x 1,75	DIN 472		30	
1	Sicherungsring 90 x 3	DIN 472		31	
1	Verschlusskappe 47 x 8			32	
1	Verschluss GPN 350/33			33	
2	RWDR AS 45 x 62 x 8	DIN 3760	NBR	34	
4	Sechskantmutter M6	ISO 4032	8	35	
4	Stiftschraube M6 x 16	DIN 939	8.8	36	
4	Zylinderschraube M8 x 20	ISO 4762	8.8	37	

Stirnrad-Schneckengetriebe eignen sich besonders für große Übersetzungen bei gleichmäßiger Belastung und kleinen zu beschleunigenden Massen. Sie finden Anwendung z. B. bei leichten Aufzügen, Abfüllmaschinen, Verpackungsanlagen, Förderbahnen und Kreiselverdichtern.

Sie bekommen die Aufgabe, am abgebildeten Stirnrad-Schneckengetriebe eine Instandhaltung durchzuführen. Arbeiten Sie sich in die Zeichnung ein und beantworten Sie die dazu gestellten Fragen.

① Wie erfolgt bei dem abgebildeten Stirnrad-Schneckengetriebe die Übertragung des Drehmoments von der Antriebsseite zur Abtriebsseite? Geben Sie die Bauteile mit Benennung und Pos.-Nr. an.

② Der Motor läuft mit einer konstanten Drehzahl von 1 400 min^{-1}. Berechnen Sie die Drehzahl der Hülse (Pos. 7) in min^{-1}.

③ Der Motor hat bei 1 400 min^{-1} eine zugeführte Leistung von 0,54 kW und einen Wirkungsgrad von 68 %. Das Getriebe hat einen Wirkungsgrad von 65 %. Berechnen Sie den Gesamtwirkungsgrad und die abgegebene Leistung des Getriebes.

④ Berechnen Sie den Achsabstand zwischen der Motorwelle und der Schnecke (Pos. 3).

⑤ Berechnen Sie die Sicherheit v bezogen auf die Streckgrenze, wenn auf jede der Zylinderschrauben (Pos. 37) eine Längskraft von 1500 N wirkt.

⑥ Nennen Sie Vor- und Nachteile von schrägverzahnten Zahnrädern.

⑦ Vergleichen Sie den Einbau der Schrägkugellager im Spiralkegelgetriebe S. 88 und im Stirnrad-Schneckengetriebe S. 94.
Welche Anordnung wurde jeweils gewählt und welche Kräfte können die Schrägkugellager bei dieser Anordnung aufnehmen?

⑧ Mit welchem Grundabmaß müssen die Lagersitze der Hülse (Pos. 7) gefertigt werden, wenn von mittleren Belastungen ausgegangen wird? Begründen Sie Ihre Aussage.

⑨ Die Schnecke (Pos. 3) hat eine Gesamtlänge von 145 mm. Berechnen Sie die Längenausdehnung, wenn sich die Schnecke während des Betriebs von 20 °C auf 45 °C erwärmt.

⑩ Ergänzen Sie beim abgebildeten Zahnrad (Pos.-Nr. 5) normgerecht die fehlende Bemaßung.

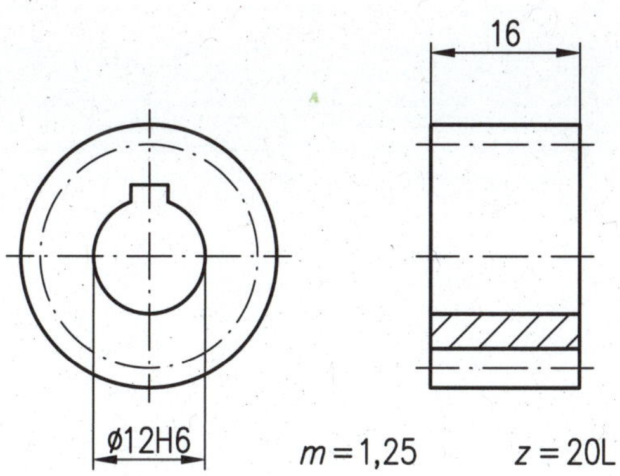

⑪ Was bedeutet bei der Zylinderschraube (Pos. 37) die Angabe 8.8?

⑫ Entschlüsseln und erläutern Sie die Werkstoffangabe des Zahnrads (Pos. 5) und des Lagerdeckels (Pos. 2).

⑬ Erläutern Sie den Begriff der Punkt- und Umfangslast am Beispiel des Rillenkugellagers (Pos. 11).

⑭ Benennen und erläutern Sie das Normteil RWDR (Pos. 34) und nennen Sie vier Punkte, worauf beim Einbau besonders zu achten ist.

Beim Einbau achten auf:

⑮ Ermitteln Sie die Abmessungen des Einstichs für den Sicherungsring (Pos. 31).

16 Die Schrägkugellager (Pos. 10) sind defekt und sollen ausgetauscht werden. Schreiben Sie den Arbeitsplan für die Demontage der Schrägkugellager (Pos. 10) und tragen Sie verwendete Werkzeuge und Hilfsmittel in die unten stehende Tabelle ein. Das Öl ist bereits abgelassen und die Hülse (Pos. 7) mit dem Schneckenrad (Pos. 4) ist schon ausgebaut.

Nr.	Arbeitsgang	Werkzeug, Hilfsmittel

17 Das Getriebe wird bei einer Instandsetzung demontiert. Welche Umweltschutzmaßnahmen müssen dabei im Umgang mit dem Altöl beachtet werden?

18 Die Verschlussschraube (Pos. 13) drückt nach dem Anziehen mit einer Kraft von $F = 4$ kN auf die Auflagefläche. Berechnen Sie die Flächenpressung p in N/mm^2, die auf den Dichtring (Pos. 12) wirkt.

19 Erläutern Sie folgende Angabe auf dem Elektromotor.

IP 65

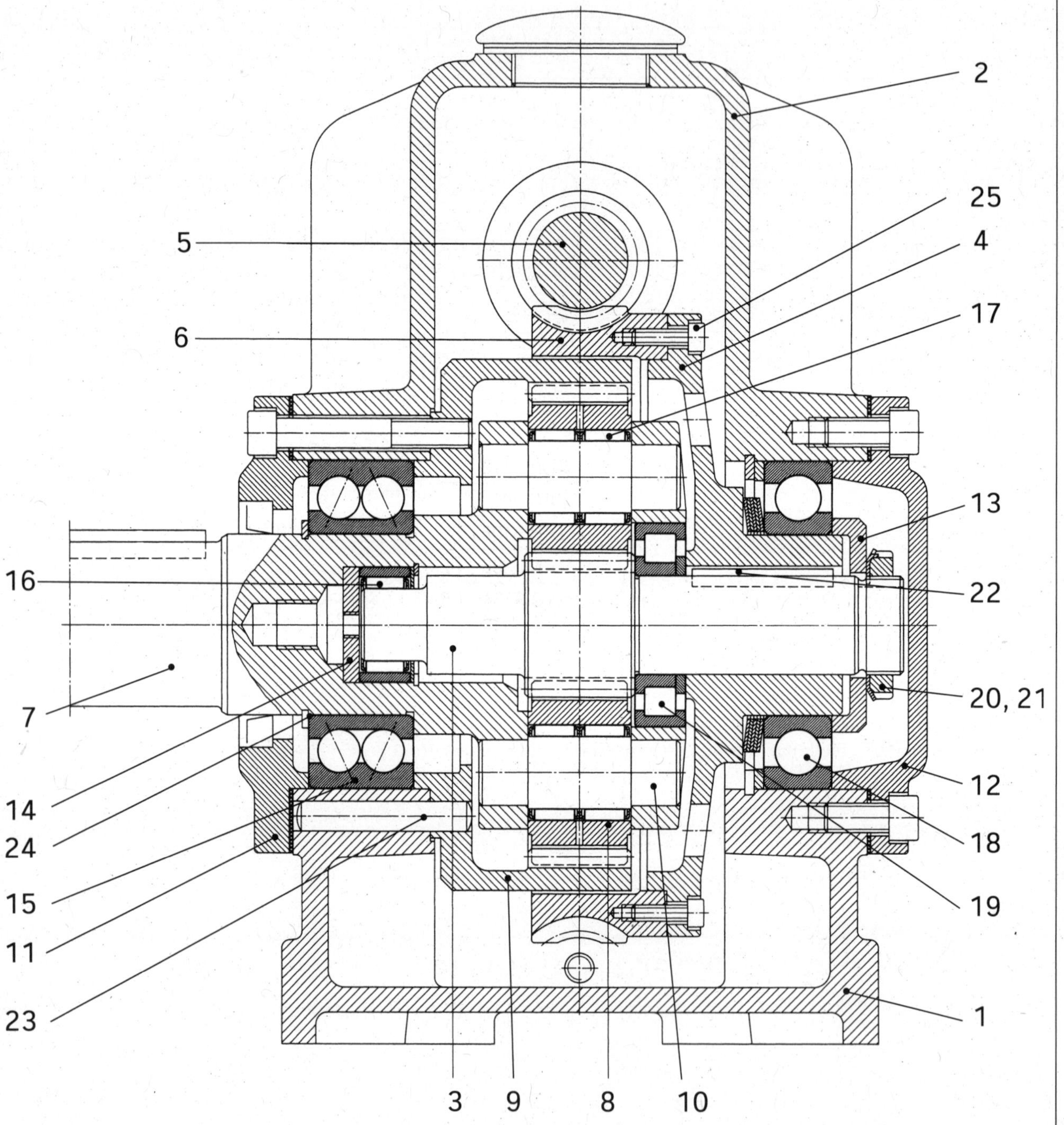
2
25
4
17
5
6
13
22
16
20, 21
7
12
14
24
18
15
19
11
23
1
3
9
8
10

Stück	Benennung	Normblatt	Werkstoff	Pos.-Nr.	Bemerkung
1	Gehäuse Unterteil		EN-GJL-220	1	
1	Gehäuse Oberteil		EN-GJL-220	2	
1	Sonnenradwelle		16MnCr5	3	
1	Schneckenradträger		45S20	4	
1	Schnecke		16MnCr5	5	
1	Schneckenrad		GD-CuSn14	6	
1	Abtriebswelle		34Cr4	7	
3	Planetenrad		16MnCr5	8	
1	Hohlrad		34Cr4	9	
3	Planetenradwelle		34Cr4	10	
1	Lagerdeckel offen		EN-GJL-220	11	
1	Lagerdeckel geschlossen		EN-GJL-220	12	
1	Spannstück		45S20K	13	
1	Scheibe		45S20	14	
1	(s. Aufgabe 5) 3211B	DIN 628		15	
1	(s. Aufgabe 5) RNAO 22 x 35 x 16	DIN 617		16	
3	(s. Aufgabe 5) K 22 x 29 x 16	DIN 5405		17	
1	(s. Aufgabe 5) 6211	DIN 625		18	
1	(s. Aufgabe 5) NUP 206 E	DIN 5412		19	
1	Nutmutter KM 6	DIN 981		20	
1	Sicherungsblech MB 6	DIN 5406		21	
1	Passfeder A - 8 x 7 x 45	DIN 6885	E335	22	
2	Zylinderstift 8 x 55 - A	ISO 8734	St	23	
1	Sicherungsring 55 x 2	DIN 471		24	
6	Zylinderschraube M6 x 16	DIN 7984	8.8	25	
1	Ölstandsauge			26	

① Nennen Sie vier weitere Grundformen von Zahnradgetrieben und geben Sie an, wie ihre Wellen zueinander angeordnet sind.

Schneckengetriebe --- die Wellen kreuzen sich

② Geben Sie unter Angabe von Benennung und Pos.-Nummer den Kraftfluss durch das Getriebe an. Beginnen Sie mit der Schnecke (Pos. 5).

③ Erläutern Sie die Angaben des Werkstoffs der Gehäuseteile (Pos.1 und Pos. 2) und begründen Sie die Auswahl des Werkstoffs.

④ Mit welcher Belastungsart wird die Zylinderschraube (Pos. 25) im abgebildeten Schnecken-Planetengetriebe beansprucht? Welche Schraube ist dafür besser geeignet?

⑤ Welche Arten von Wälzlagern wurden in diesem Schnecken-Planetengetriebe eingebaut und welche Kräfte können sie aufnehmen?

Pos. 15

Pos. 16

Pos. 17

Pos. 18

Pos. 19

⑥ Das Schneckenrad (Pos.6) muss genau mittig zur Schnecke (Pos. 5) eingestellt werden. Womit lässt sich diese Mittigkeit einstellen?

⑦ Erläutern Sie die Werkstoffbezeichnung des Schneckenrads (Pos. 6) und des Schneckenradträgers (Pos. 4).

⑧ Der Zylinderstift (Pos. 23) erhält eine Bohrung ⌀ 8H7

a) Benennen Sie die Passung.

b) Berechnen Sie die Passung.

⑨ Berechnen Sie die Scherkraft F_{zul} an der Passfeder (Pos. 22) bei dreifacher Sicherheit. Die Radien bleiben unberücksichtigt.

⑩ Beim Fräsen der Passfedernuten in die Abtriebswelle (Pos. 7) stehen drei Fräsertypen zur Verfügung. Geben Sie die Unterschiede hinsichtlich Verwendung, Zähnezahl und Spanraum an.

Typ H	
Typ W	
Typ N	

⑪ Nennen Sie drei Vorteile, die der Kugelgewindetrieb bei einer Werkzeugmaschine gegenüber dem Trapezgewindetrieb besitzt.

⑫ Die Fertigungsqualität der Planetenräder (Pos. 8) soll mit Regelkarten überwacht werden. Dazu ist zunächst eine Maschinenfähigkeitsuntersuchung erforderlich. Was soll durch diese Untersuchung festgestellt werden?

⑬ Zur einwandfreien Funktion des Schnecken-Planetengetriebes müssen die Bauteile geschmiert werden. Geben Sie die Schmierungsart an und beschreiben Sie den Schmiervorgang.

⑭ Was ist beim Einbau von Wälzlagern besonders zu beachten?

⑮ Die Zylinderschraube (Pos. 25) soll mit einer Zugkraft von $F_2 = 4$ kN in der Schraubenachse angezogen werden. Welche Handkraft F_1 ist am Innensechskantschlüssel notwendig, wenn die Hebellänge 80 mm und der Wirkungsgrad 90 % betragen?

⑯ Das Schnecken-Planetengetriebe wiegt 137 kg. Wie groß muss der Hydraulikdruck (in bar) sein, um mit einem Zylinder von ⌀ 40 mm und einem Wirkungsgrad von 85 % das Getriebe zu heben? ($g = 9{,}81$ m/s^2)

⑰ Bei einer Instandhaltung des Getriebes werden Reinigungsmittel, Öle und Fette eingesetzt. Beschreiben Sie drei Maßnahmen, um die Umweltbelastung durch diese Stoffe möglichst gering zu halten.

⑱ Das Getriebe wird zur Instandsetzung mit einem Kran transportiert. Nennen Sie wenigstens vier Vorschriften für das Anschlagen von Lasten.

Bildquellenverzeichnis

|ATLANTA Antriebssysteme E. Seidenspinner GmbH & Co. KG, Bietigheim-Bissingen: 10.2. |AUMA Drives GmbH, Coswig: 87.2, 94.1. |CABA-Blind Antriebsaggregate GmbH, Kehl - Goldscheuer: 9.3. |Di Gaspare, Michele (Bild und Technik Agentur für technische Grafik und Visualisierung), Bergheim: Titel, 5.1, 5.2, 5.3, 5.4, 6.1, 6.2, 6.3, 6.4, 6.5, 7.1, 8.8, 8.9, 8.10, 8.11, 9.1, 9.5, 10.1, 10.3, 11.1, 11.2, 11.3, 12.1, 12.2, 12.3, 13.1, 13.3, 13.5, 14.1, 14.2, 15.1, 15.2, 15.3, 15.4, 15.5, 16.1, 16.2, 16.3, 16.4, 16.5, 17.1, 17.2, 17.3, 17.4, 17.5, 18.1, 20.1, 20.2, 20.3, 21.1, 22.1, 22.2, 22.3, 22.4, 22.5, 22.6, 22.7, 22.8, 22.9, 22.10, 22.11, 22.12, 22.13, 23.1, 24.1, 24.2, 27.1, 27.2, 27.3, 27.4, 28.1, 28.2, 28.3, 29.1, 29.2, 30.1, 30.2, 30.3, 30.5, 34.1, 36.1, 37.3, 38.1, 39.1, 40.1, 40.2, 40.3, 40.4, 40.5, 40.6, 40.7, 43.2, 43.4, 45.2, 46.1, 47.1, 47.2, 47.3, 47.4, 47.5, 47.6, 47.7, 47.8, 49.1, 51.1, 51.2, 52.1, 57.1, 58.1, 58.2, 58.3, 58.4, 59.1, 59.2, 60.1, 60.2, 61.2, 61.3, 63.2, 63.3, 64.1, 64.2, 65.1, 66.1, 66.2, 66.3, 67.1, 67.2, 67.3, 67.4, 67.5, 67.6, 67.7, 67.8, 68.1, 68.2, 68.3, 68.5, 68.6, 68.7, 68.8, 69.1, 69.2, 69.3, 69.4, 69.5, 69.6, 69.7, 69.8, 69.9, 70.1, 70.2, 70.3, 71.2, 72.1, 72.2, 73.2, 73.3, 73.4, 73.5, 74.1, 74.3, 75.1, 75.2, 76.1, 76.2, 76.3, 76.4, 76.5, 76.6, 76.7, 77.1, 77.2, 77.3, 77.4, 77.5, 78.1, 79.1, 79.2, 79.3, 80.1, 80.2, 80.3, 80.4, 80.5, 80.6, 80.7, 81.1, 81.2, 81.3, 81.4, 81.5, 81.6, 81.7, 81.8, 81.9, 81.10, 82.1, 82.2, 82.3, 82.4, 84.1, 84.2, 91.2, 91.3, 92.1, 93.3, 97.2, 99.2. |Fa. Zwick GmbH & Co. KG, Ulm: 61.1, 63.1. |fotolia.com, New York: Les Cunliffe 8.1; Thomas Otto 8.5. |HELLA GmbH & Co. KGaA, Lippstadt: 26.1. |Knuth Werkzeugmaschinen GmbH - www.knuth.de, Wasbek: 25.1, 25.2. |Merkle Schweißanlagen-Technik GmbH, Kötz: 19.1, 19.2. |Modellbau Glück, Osterhofen: 8.4. |Renner, Erich, Günzburg: 8.3, 9.2. |Schaeffler Technologies GmbH & Co KG, Herzogenaurach: 87.3, 100.1. |TANDLER Zahnrad- und Getriebefabrik GmbH & Co. KG, Bremen: Titel, 33.1, 41.1, 41.2, 48.1, 50.1, 53.1, 53.2, 53.3, 53.5, 53.6, 53.8, 87.1, 88.1, 89.1, 90.1. |Wippermann jr. GmbH, Hagen: 7.2, 7.3. |WMH Herion Antriebstechnik GmbH, Wolnzach: 8.2. |ZwickRoell GmbH & Co. KG, Ulm: Titel. |© MÄDLER, Stuttgart: 8.6, 8.7, 9.4.

Wir arbeiten sehr sorgfältig daran, für alle verwendeten Abbildungen die Rechteinhaberinnen und Rechteinhaber zu ermitteln. Sollte uns dies im Einzelfall nicht vollständig gelungen sein, werden berechtigte Ansprüche selbstverständlich im Rahmen der üblichen Vereinbarungen abgegolten.